中国轻工业"十三五"规划教材

灯具设计
实务

徐清涛　林界平◎编著

中国轻工业出版社

图书在版编目（CIP）数据

灯具设计实务 / 徐清涛，林界平编著．—北京：
中国轻工业出版社，2024.2
　　ISBN 978-7-5184-3177-9

　　Ⅰ．①灯… Ⅱ．①徐… ②林… Ⅲ．①灯具—设计
Ⅳ．①TS956

中国版本图书馆CIP数据核字（2020）第173617号

责任编辑：陈　萍　　责任终审：张乃東　　整体设计：锋尚设计
策划编辑：陈　萍　　责任校对：朱燕春　　责任监印：张　可

出版发行：中国轻工业出版社（北京鲁谷东街5号，邮编：100040）
印　　刷：艺堂印刷（天津）有限公司
经　　销：各地新华书店
版　　次：2024年2月第1版第2次印刷
开　　本：787×1092　1/16　印张：8.5
字　　数：230千字
书　　号：ISBN 978-7-5184-3177-9　　定价：49.80元
邮购电话：010-85119873
发行电话：010-85119832　　010-85119912
网　　址：http://www.chlip.com.cn
Email：club@chlip.com.cn

近十年，设计行业得到了巨大的发展，交互设计、体验设计、服务设计都有巨大的突破与提升。而全国年产值5600亿，达到数万家企业规模的照明灯具行业对设计人才的需求特别紧迫。目前，灯具设计的专业人才极其缺乏，同时也缺少较系统的灯具设计类实践书籍，现有的教材多为灯饰作品欣赏，缺少对设计过程的介绍，也有一些灯具照明方面的理论书籍，基本以照明光源技术原理介绍为主，没有具体到以功能、造型、体验为主的灯具设计。

"灯具设计实务"是顺德职业技术学院家具艺术设计专业建设广东省一类品牌专业和广东省一流院校高水平专业项目的内容之一。本教材以设计实践为主线，围绕以LED光源为技术基础进行的新型灯饰设计，由浅入深构建灯具设计训练步骤，讲述灯具设计创意方法、企业商业设计开发的系列设计案例，结合文创灯具设计，介绍了灯具基本加工工艺等知识。案例选择特别注重在造型、创意、功能、使用体验方面的设计实践，筛选众多优秀案例，以具有普遍性、可延伸性、初学者容易认知和执行、兼具商业价值和艺术性为入选标准。特别感谢广东凯西欧光健康有限公司和如果电子科技有限公司为本教材无私提供灯具设计案例。

笔者联合中山职业技术学院林界平老师共同编写本教材。林老师的灯饰设计经验和教学经验非常丰富，获得过众多设计大奖，他为本教材提供了两个优秀案例。

本教材的顺利出版要特别感谢顺德职业技术学院干珑教授和中国轻工业出版社编辑提出的诸多宝贵建议，还要特别感谢顺德职业技术学院工业设计专业的历届学生，是他们的信任和努力以及跟随我探索各种设计方法的意愿，使我们共同设计出许多富有创意的灯具，现在部分成为书中的案例。

徐清涛

2020年6月

目录

第三章　企业灯具设计开发实务

第四章　工艺美术类商品灯具开发实务

第五章　创意灯具设计案例赏析

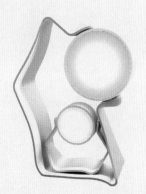

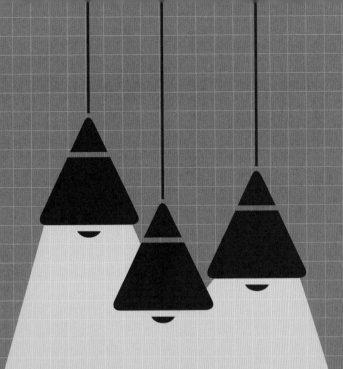

第一章

灯具设计基础

第一节 电光源

一、电灯时代

一般都认为电灯是由美国人托马斯·爱迪生发明的。事实上，电灯的发明凝聚了许多科学家的努力和智慧，爱迪生对电灯的贡献也是站在巨人的肩膀上前行的。美国人亨利·戈培尔比爱迪生早数十年已发明了使用相同原理和材料且可靠的电灯泡，而在爱迪生之前其他人也对电灯的发明做出了不少贡献。英国化学家戴维用铂丝通电发光，亨利·戈培尔制作出有实际功能的白炽灯，约瑟夫·威尔森·斯旺开始为家庭安装电灯，1874年，加拿大的两名电气技师将玻璃泡中充入氮气的通电碳杆发光，并将专利卖给了爱迪生。

爱迪生购下专利后，尝试改良灯丝。1880年，他造出的炭化竹丝灯泡可在实验室维持1200h。最后，爱迪生才取得碳丝白炽灯的专利权。爱迪生的最大发现是使用钨代替碳作为灯丝。1876年，爱迪生创立了爱迪生电灯公司，1890年，他将各项业务重组，成立爱迪生通用电气公司，并于1892年与汤姆森-休斯顿电气公司合并，成立通用电气公司。1906年，通用电气发明了一种制造电灯钨丝的方法。最终，低价制造钨丝的方法得到解决，电灯很快就被商业化并迅速普及。钨丝电灯泡被使用至今。

电灯自从面世以来以极快的速度达到自身的设计顶端，这得益于人类文明的高速发展。人类科技发展到19世纪末经历了一场前所未有的大爆发时期，很多发明创造都能在较短的时间得到完善和普及，电灯（图1-1）就是一个突出的例子。在技术和表达形式上，电灯从一开始就走向了极致。在人类追寻光明的发展历程中，从火到灯只是一瞬间，明火时代延续了不知多少万年，油灯

图1-1 1890年的电灯

的历史少说也有几千年，中间的变化并没有多少颠覆性，只是材料的更新及形式上的变化。

电灯在刚诞生时期，经历几十年的完善普及，就已经在技术和形式感上获得了令人叹为观止的成果。

二、电灯的设计变迁

19世纪末，名为"新艺术"的设计运动在欧洲兴起，设计师力图用从自然界中抽象出来的形式代替程式化的古典装饰。这一时期的灯饰多以植物形态为设计特点，植物的花卉、叶子和果实的形态本身极富表现力，也特别适合与灯泡结合，借助灯泡的光亮来突出植物最为吸引人的花卉、叶子、果实，这符合人们的认知经验。

这一时期，人们还热衷于传统手工艺，玻璃工艺和铁艺结合让电灯刚问世便被推上了的灯饰造型艺术的高峰。其中，著名的灯具产品公司蒂凡尼（图1-2）在1905年已经雇用了超过200名工匠来生产彩色玻璃灯具配件。

问世不久的电灯也吸引了新的设计理念，企业设计生产以几何形态为特点的现代主义灯饰，在与手工艺特色灯饰并存了一段时间后，迅速取代了传统手工艺特色的灯饰。这一时期现代主义设计的灯饰发挥到极致，简约而奢侈（图1-3）。

现代工业设计的摇篮"包豪斯"从理论、实践和教育体制上推动了工业设计的发展。包豪斯金属车间主任纳吉提出新设计哲学，认为应该把普通的制造材料集中到大量生产上。纳吉也在金属制品车间担任导师，致力于用金属与玻璃结合的办法教育学生从事实习，为灯具设计开辟了一条新途径，在那里出现了许多富有影响力的作品。纳吉努力把学生从个人艺术表现上转变为理性、科学地了解和掌握新技术、新媒介，他指导学生制作的金属制品都具有非常简单的几何造型，同时也具有明确、恰当的

图 1-2 19世纪末的灯具

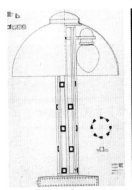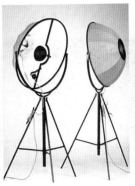

图 1-3 20世纪初的灯具

功能特征和性能。其中，华根菲尔德1923年设计了著名的金属半球形玻璃台灯，迄今仍有生产。布兰德1927年设计了著名的康登台灯，具有可弯曲的灯颈、稳健的基座，造型简洁优美，功能效果好，并且由莱比锡一家工厂批量生产，成为经典设计，也标志着包豪斯在工业设计上趋于成熟。包豪斯早期灯饰设计如图1-4所示。

20世纪20年代，在灯饰设计方面具有重大影响和长久生命力的灯饰是丹麦设计师保罗·汉宁森（Poul Henningsen，1894—1967年）的PH灯具（图1-5），是由其名字简称PH而来。保罗·汉宁森认为照明应当遮住直接从光源发射的强光，以创造出一种美丽、柔和的光影效果。

PH灯具不仅是斯堪的纳维亚设计风格的典型代表，也体现了艺术设计的根本原则：科学技术与艺术的完美统一。这一设计早在1925年的巴黎国际博览会上便作为杰出设计而获得金

图1-4　包豪斯早期灯饰设计

牌，至今仍是国际市场上的畅销产品，成为丹麦设计"没有时间限制的风格"的典型。除了造型美观之外，PH灯具具有更多功能上的优点，例如所有光线必须经过漫反射才能到达工作面，照明效果柔和；无论从哪一个角度看，光线都不会直射眼睛，避免了光线对眼睛的伤害；层叠的反射面允许一部分光线溢出，避免了"灯下黑"现象的出现；可拆卸的零部件便于批量生产等。

20世纪前半叶，在短短三十年间连续经历了两次世界大战，尤其是第二次世界大战，对世界的毁坏是空前的，在战后恢复期间，各项产品的设计都遵循节俭，提高生产效率，降低生产成本。这一期间出现了许多构思巧妙、结构简单、节省材料、功能完善、生产效率极高的简易灯具，满足了人们简朴生活的需求。这些灯具多数以简单的钣金件作为部件，加工容易，安装快捷（图1-6）。

20世纪60年代以来，世界经济恢复并高速发展，各种思想和文化思潮开始出现，艺术设计进入了后现代主义时期，灯饰也逐渐抛弃节俭的原则，在形式上进行着各种探索，在设计上有着不同以往的表现。德国灯具设计师英格·莫勒（Ingo Maurer）有光之诗人的美誉，他是这方面的佼佼者，他的灯饰往往设计得像梦又像是寓言故事，富于内涵，给我们很深的思考和遐想，能从中找到自己需要解读的故事。

1966年，他成立个人工作室，设计的第

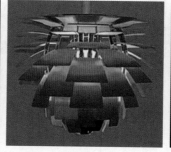

图1-5　PH灯具（1927年）

图 1-6　灯饰（1950 年后）

一盏灯Bulb，将传统的梨形灯泡用直接率性的夸大表现手法，以及充满简单的普普风格的造型，极具冲击的美学思维，成为其代表作之一，也为许多博物馆所典藏。英格·莫勒灯饰作品如图1-7所示。

对莫勒而言，灯具创作除了光、气氛、形态，还有其他的技术、思维以及隐喻的议题性，把理性科技与感性诠释，富含实验性与挑战性，陶瓷碎片、瓶罐、纸片、羽毛等寻常的物品，经过严谨的计算考究，创造出狂野豪放的光影新诗。

莫勒总会尝试各种新颖的灯具表现方式，将光赋予生命，充满诗意，打破功能与艺术的界限。他专注于光与影的魔幻奇想，营造出一个又一个动人的氛围，虽具有浓厚的艺术性，却也兼具务实性，他设计了超过150件灯具或装置，仍然有75% 持续生产。莫勒的设计完全表述自我的思维，是极具视觉与功能性的产物。

三、新光源（LED、OLED）

20世纪90年代以来，一项新的光源——LED的技术成熟，并开始向民用照明领域拓展。LED又称发光二极管，具备优异的特性，非常节能，而且理论寿命长达10万小时。随着其成本的不断降低，正在替代现有白炽灯、荧光灯光源。由于LED和以往光源是截然不同的照明形态，用其设计制作的灯饰能够与之前的电灯有着很大的区别，能在形态上有着前所未有的突破。LED灯具如图1-8所示。

21世纪，OLED作为一种轻薄、省电的新型技术，近年来在电子行业可谓广受瞩目。不过之前的OLED通常都只是应用于显示领域，随着成本逐步降低，该技术也开始进入灯饰设计运用领域。

OLED是一种非常轻薄的照明材料，可以根据需要制作成多种形状。还有独具创新地把

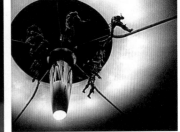

图 1-7　英格·莫勒灯饰作品

OLED材料和墙纸结合在一起，让壁纸拥有形状多样、光线艳丽的墙壁照明。据称这种墙纸仅需3~5V的电压就可以进行照明，并且比一般的节能灯更加省电，不仅安全高效，还非常美观。OLED灯具如图1-9所示。

图1-8 LED 灯具

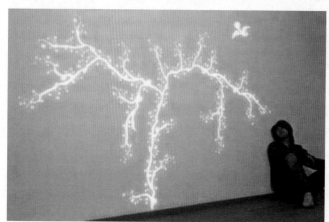

图1-9 OLED 灯具

第二节 电光源类型解析

一、白炽灯

白炽灯由支撑在玻璃柱上的钨丝以及包围它们的玻璃外壳、灯帽、电板等部件组成。

白炽灯的发光效率虽然比较低，但由于它使用极其方便，辐射光谱是连续的，显色性好，因此，到目前为止它仍是应用最广的一种光源。

世界上第一只碳丝白炽灯是爱迪生于1879年制成的，它的发光效率很低，只有3lm/W。白炽灯的发光原理是由于电流通过钨丝时，钨丝热到白炽化而发出可见光。白炽灯的寿命在1000h左右。为了减少热损耗和钨丝的蒸发，40W以下的灯泡内抽成真空，40W以上则充以惰性气体氩、氮或氩氮混合气。

1. 白炽灯的分类

白炽灯可以根据玻璃外壳的类型分成普通型白炽灯和反射型白炽灯。

（1）普通型白炽灯。这种白炽灯是由周围充有惰性气体的螺旋钨丝和密闭的玻璃外壳组成。为使灯光柔和，采用甲酸在玻璃外壳内表面磨蚀，使其成为磨砂表面，也可以在玻璃外壳内壁涂上有漫反射性能的白色涂层。

（2）反射型白炽灯。这种白炽灯的玻璃外壳内表面有一部分是镜面，起反射光线的作用。反射型白炽灯按其加工工艺可以分成压制玻璃外壳型和吹制玻璃外壳型。

白炽灯的结构如图1-10所示。

2. 白炽灯的特点

（1）有高度的集光性，便于光的再分配。

（2）适于频繁开关，点灭对性能及寿命影响较小。

（3）辐射光谱连续，显色性能好。

（4）安装简捷，使用方便。

（5）光效较低。

（6）色温在2700~2900K，适用于家庭、酒店以及艺术照明、信号照明、投光照明等。

（7）白炽灯发出的光与自然光相比呈橙红色。

（8）白炽灯灯丝温度随着电压变化而变化，当外接电压高于额定值时，灯泡的寿命显著降低，而光通量、功率及发光效率均有所提高。当外接电压低于额定值时，情况相反。为了使白炽灯泡正常使用，必须使灯光的工作电压接近额定值。

3. 白炽灯灯头的规格

白炽灯的灯头（图1-11）有不同的规格，常用的有插口灯头和螺口灯头。灯具中常用的灯泡多是螺口灯头，而吊灯常用的灯泡多是插口灯头。

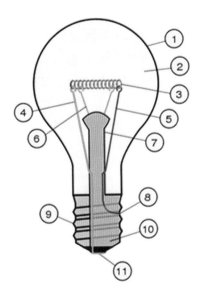

图1-10 白炽灯结构

①—灯泡玻璃壳   ⑥—电线支架
②—低压惰性气体（氩、氖、氮） ⑦—主支架（玻璃封装）
③—钨丝   ⑨—灯泡螺帽
④、⑧—接触线（输出线） ⑩—绝缘层
⑤—接触线（输入线） ⑪—金属触点

图1-11 白炽灯

（1）插口灯头。用插销与灯座进行连接的灯头，用B标志。

（2）螺口灯头。用圆螺纹与灯座进行连接的灯头，用E标志。

二、荧光灯

荧光灯又称日光灯，用途广泛，在造型上有柱型、环型、U型等多种。其最大特点是光亮、节电、散射、无影，是典型的重在照明的灯具，但装饰效果较差。荧光灯是一种预热式低压汞蒸气放电灯。灯管内充有低压惰性气体氩及少量水银，管内壁涂有荧光粉，两边装有电极钨丝。当电源接通后，灯管启动器开始工作，电流将钨线预热，使电极产生电子，同时两端电极之间产生高的电压脉冲，使电子发射出去，电子在管中撞击汞蒸气中的汞原子，发出紫外线光，紫外线辐射到灯壁上的荧光粉，通过荧光粉把这种辐射转变成可见光。荧光灯结构如图1-12所示。

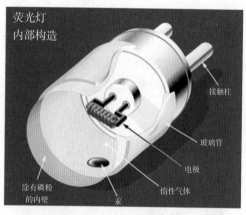

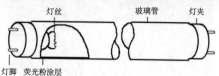

图1-12　荧光灯结构

1. 荧光灯的色彩

（1）月光色。色温6500K，与微阴天空光相似，接近自然光，有明亮感觉，适用于办公室、会议室、教室、设计室、图书馆、阅览室、展览橱窗等。

（2）冷白色。色温4300K，与日出2h以后的太阳直射光相似，白色光效较高，光色柔和，使人有愉快、舒适、安适的感觉，适用于商店、医院、办公室、餐厅、候车室等场所。

（3）暖白色。色温2900K，与白炽灯近似，红光成分多，给人以温暖、健康、舒适的感觉，适用于住宅、宿舍、医院等场所。

2. 荧光灯的特点

（1）寿命长。灯管寿命可达3000h以上，平均寿命约比白炽灯长2倍。

（2）点燃迟。荧光灯通电后需经过3~5s才能发光。

（3）造价高。荧光灯的一次性投资和维护费用比白炽灯高许多。

（4）有霎光效应。不能频繁开启，启动次数对灯管寿命有很大影响，荧光灯的寿命在很大程度上取决于它的启动次数。

（5）受环境温度的影响大。荧光灯光通量随周围温度高低而增减，灯管启动也受环境温度和湿度的影响，当环境温度低于15℃时启动困难，当低于-5℃时便无法启动，适宜的环境温度为18~25℃。

（6）发光效率高。每瓦在25~67lm，包括镇流器的损耗在内，发光效率约比白炽灯高3倍，因此，荧光灯应用比较广泛。

（7）光线柔和。灯管发光面积大，亮度高，眩光小，不装散光罩也可使用。

（8）光谱成分好。可由不同的荧光粉调和成各种不同的颜色，适应不同场所的需要，如图1-13所示。

图 1-13 荧光灯

三、LED 光源

（一）LED 灯的结构及发光原理

1955年，美国无线电公司鲁宾·布朗石泰（Rubin Braunstein）首次发现了砷化镓（GaAs）及其他半导体合金的红外放射作用。1962年，通用电气公司尼克·何伦亚克（Nick Holonyak Jr.）开发出第一种实际应用的可见光发光二极管。

LED是英文light emitting diode（发光二极管）的缩写，LED的构造非常简单。一般来说，就是一个方形的二极管片装在一个塑料、树脂或陶瓷底座的特殊环氧层中，所以LED的抗震性能好。处于半导体中心部位的电子可以通过传感原料转换生成灯光，而封贴在"罩状"环氧层内的微型芯片可以将灯光"映射"出来。典型LED有两个插脚，一个长一个短。较长的插脚为阳极，或者说是正极，短一点的插脚则是阴极。LED灯结构如图1-14所示。

（二）LED 应用

1. 信息指示

由于体积较小，耗电低，容易推广，LED被普遍用作信息、状态显示，如图1-15所示。

（1）消费性电子产品的状态指示灯。

（2）应急车辆上的发光条。

（3）机场和火车站的轻薄型消息显示板，火

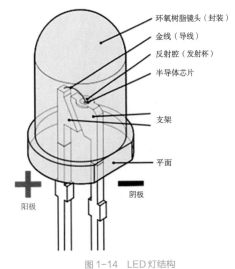

环氧树脂镜头（封装）
金线（导线）
反射腔（发射杯）
半导体芯片
支架
平面
阳极　阴极

图 1-14　LED 灯结构

车、汽车、电车以及渡轮的终点显示牌。

（4）红、黄、绿和蓝光LED可用于铁路建设模型。

（5）紧急出口指示灯。

（6）交通灯。

（7）汽车转向灯与停车灯。

（8）有机发光二极体（OLED）可用作平板显示器，可显示图像和视频信息。

2. 照明

（1）路灯。

（2）隧道灯。

（3）手电筒。

图 1-15 LED 灯

（4）家居照明。

（5）液晶电视的动态背光模组。

3. 传送数码信息

（1）电视机等家电的遥控器使用了红外线发光二极管。

（2）短距离光纤通信。

（3）位移探测器，如光学鼠标。

四、OLED 光源

有机发光二极管又称为有机电激光显示、有机发光半导体，由美籍华裔邓青云（Ching W. Tang）教授于1979年在实验室中发现。OLED显示技术具有自发光、广视角以及几乎无穷高的对比度、较低耗电、极高反应速度等优点。但是作为高端光源和显示屏，目前成本还是较高，影响大规模普及。OLED发光原理及应用如图1-16至图1-19所示。

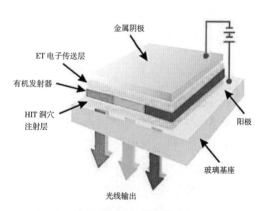

图 1-16 OLED 发光原理

图 1-17　OLED 屏幕

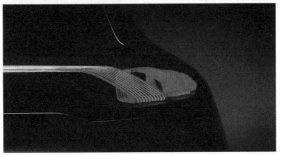

图 1-18　有动态光效的 OLED 屏幕汽车尾灯

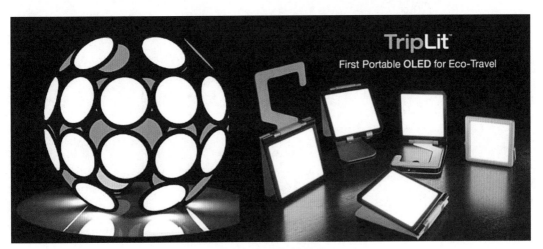

图 1-19　OLED 新型灯具

课后练习

（1）筛选10款具有较大差异的LED灯具，分析每款灯具的设计特色，主要围绕造型、功能、使用体验等分析。

（2）筛选10款具有较大差异的OLED灯具，分析每款灯具的设计特色，主要围绕造型、功能、使用体验等分析。

第二章

灯具设计
基础训练

第一节　光影认知体验练习

光的装饰性，除了颜色外，光影的形状、色彩、变化的节奏都是重要的表现手段，大多数接触灯的人，不了解光影巨大可塑造的表现能力。

下面我们做个体验性的实验（图2-1），先做个平面简单的，用一张纸，刻画出平面的图案备用。用一点光源照射，为了容易识别，我们选用一盏蓝色的光源来照射平面的图案，图案被清晰地投射在白板上，光影会随灯光的位置远近发生变化和变形，但都是清晰地再现图案的样子。

接下来我们再用两个以上的光源，各个光源颜色不同，以光源三原色的红、蓝、绿共同来照射同样的图案，投射出的光影就出现斑驳的叠加光影，由于光源的各自位置不同、颜色不同，投出的光影互相错位交相叠加，我们再也不容易识别图案本来的样子，如图2-2所示。但这光影的叠加是形状的叠加、光色的叠加、投影的叠加，它比单一光源的丰富程度提高了好几倍，所以会出现一些难以想象的意外效果，那种斑驳迷离的视觉非常美妙。

我们再用立体的造型做实验，单一蓝色光源照射柱形镂空条纹的立体造型，随着柱形条纹距离光源远近调整，投影出的光影在透视的作用下也发生了变化，越近光源的变形越夸张，越远的变形越小。这是以一种渐变的效果一层层扩散，有规律，光影清晰，如图2-3所示。

增加一个黄色暖光源在不同位置和角度，照射柱形横条纹立体造型后，光色、投影、形状、亮度互相影响后生成的光影视觉被极大地丰富了，如图2-4至图2-8所示效果对比。

通过以上实验练习，我们直观地看到光是如何互相之间形成影响，同一个物体、图案，

图 2-1　一点光源照射的光影效果

图 2-2　多点、多色彩光源照射平面图案投影出丰富的叠加光影效果

由于光色的不同、光源位置的不同、远近距离不同、明度不同，都会互相影响，这种影响主要是光、色、影叠加了亮度、颜色、投影的互相干扰改变来发生作用。投射出的光影会比物体本身更丰富，更不是我们常见的样貌，具有更强的艺术观赏性。

图2-3　单一蓝色光照射柱形横条纹为立体造型

图2-4　黄、蓝两色光源共同照射柱形横条纹立体造型

图2-5　单一蓝光照射效果

图2-6　红、蓝光照射效果

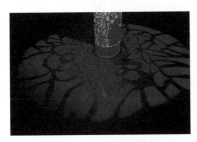

图2-7　单一蓝光照射效果

图2-8　四颗暖白（黄色）光照射效果

课后练习

（1）准备三颗以上独立LED点光源，其中必须要有红、蓝、绿三种光源色，用刀或剪刀在纸张上刻画出美丽的图案，分别用一颗光源、两颗光源、三颗及以上光源在黑暗环境下照射有图案的纸，看看光影有什么变化。

（2）将光源调整组合各种距离、角度后产生的不同光影拍照记录，最好用感光度好、暗黑环境拍照好的相机拍摄。

（3）仔细观察各种不同光源色、远近、角度、组合下光影的变化及特点，分析理解其原理。

（4）将你的光影体验照片构思主题，进行有主题性的排版，以A3竖构图设计排版，精度300dpi，jpg图片格式。

第二节 初级灯具设计实践

一、纸材灯饰设计制作

纸材是最易得、最廉价的材料，同时对它的处理技术要求比较低，容易上手，作为灯饰，纸的强度能满足灯饰基本的结构需求。纸材种类繁多，厚薄不一，色彩齐全，肌理丰富。可雕刻，可涂画，表现力强，手法随意。透光效果也极其丰富且可控，一直是制作灯饰的上好材料。初期设计训练选择纸材入手，是最适合的材料。

1. 雕刻纸材制作灯饰

用雕刻纸材来制作灯饰，是采用刻画、裁剪、针扎等手法来处理纸材，达到丰富多变的图案和灯光效果。基本的顺序是先构思创意和图案，再用铅笔描绘线稿，依据线稿下刀雕刻处理纸材，这种灯饰的主体造型比较简单，基本以圆柱、方体等简单的几何体为主，主要是通过雕刻富有创意的图案和表现力强的光影效果丰富灯饰的视觉体验。雕刻纸材制作灯饰案例如图2-9至图2-13所示。

图2-9 雕刻纸灯（1）
（设计制作：梁佩漩 指导老师：徐清涛）

图 2-10　雕刻纸灯（2）
（设计制作：钟云婷　指导老师：徐清涛）

图 2-11　雕刻纸灯（3）
（设计制作：杨晓怡　指导老师：徐清涛）

图 2-12　雕刻纸灯局部
（设计制作：杨晓怡　指导老师：徐清涛）

图 2-13　雕刻纸灯（4）
（设计制作：李梓杰　指导老师：徐清涛）

2. 叠加组合

叠加组合类纸材灯饰，以处理大量的基本单元图形元素，然后拼接叠加组合成各种形式的纹理肌理和造型的灯饰。基本单元形有完全相同、基本相似以及完全不同的单元，在周密的构思下进行组合叠加，达到想要的创意效果。这种手法表现力极强，效果出众，可以复合运用雕刻中的一些技巧，利用造型、图案、光影等营造出非凡的灯饰效果。叠加组合案例如图2-14至图2-22所示。

图2-14　叠加类纸灯（1）
（设计制作：欧彩霞　指导老师：徐清涛）

图2-15　叠加类纸灯局部
（设计制作：欧彩霞　指导老师：徐清涛）

图 2-16　叠加类纸灯（2）
（设计制作：陈佩聪　指导老师：徐清涛）

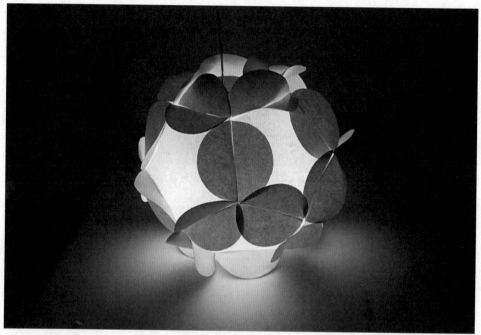

图 2-17　叠加类纸灯（3）
（设计制作：袁伟丽　指导老师：徐清涛）

图 2-18　叠加类纸灯（4）
（设计制作：谢协　指导老师：徐清涛）

图 2-19 叠加类纸灯（5）
（设计制作：陈春秀 指导老师：徐清涛）

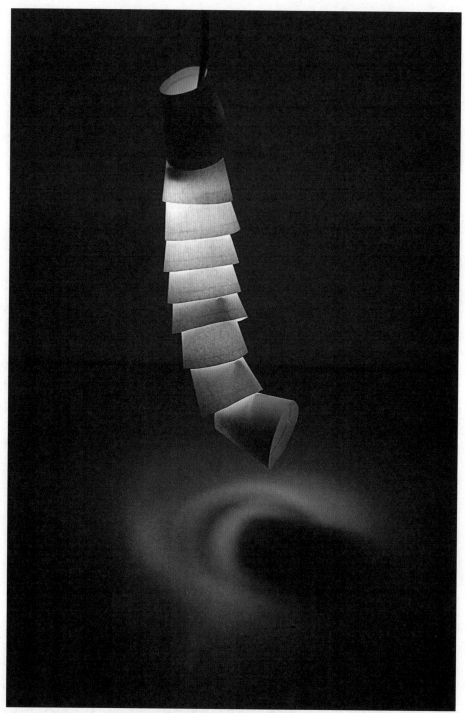

图 2-20　叠加类纸灯（6）

（设计制作：吴欣仪　指导老师：徐清涛）

图 2-21 叠加类纸灯（7）
（设计制作：顾艺红 指导老师：徐清涛）

图 2-22　叠加类纸灯（8）

（设计制作：李广莹　指导老师：徐清涛）

　　叠加成型中还有一种是利用纸材柔软和可编织的特性，借鉴传统的编织、竹编等手法，纸折叠的表现力极强。用编织、折叠的手法处理基本单元素材，通过有机组合形成别具特色的灯饰，如图2-23至图2-25所示。

图2-23　叠加类纸灯（9）

（设计制作：李广莹　指导老师：徐清涛）

图 2-24　叠加类纸灯局部
（设计制作：李广莹　指导老师：徐清涛）

图 2-25 叠加类纸灯（10）
（设计制作：梁结玲 指导老师：徐清涛）

3. 模具成型纸材灯饰

用泡沫材料制作灯具造型的模具，将泡发的碎纸浆或柔软的湿纸张敷在模具表面，等纸浆干且固定成型后，将模具脱模，在纸壳灯具里接上光源就可以成为一盏独特的灯饰。可以通过纸浆的厚薄、颜色来控制灯饰的光效、色彩、造型。特点是制作难度低、坚固、造型多样、成本低廉。模具成型纸材灯饰案例如图2-26至图2-28所示。

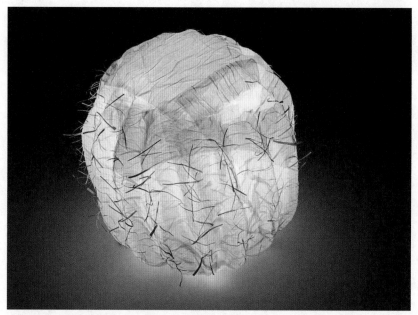

图 2-26　模具成型纸材灯（1）
（设计制作：叶会平　指导老师：徐清涛）

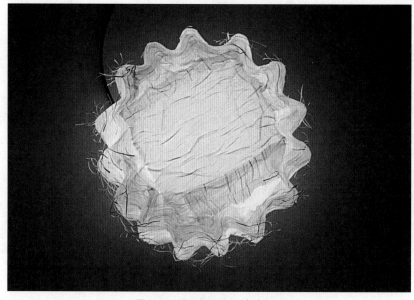

图 2-27　模具成型纸材灯（2）
（设计制作：叶会平　指导老师：徐清涛）

图 2-28　模具成型纸材灯（3）
（设计制作：钟云婷　指导老师：徐清涛）

📖 **课后练习**

（1）准备三颗以上独立LED点光源，其中必须要有红、蓝、绿三种光源色，运用本节所展示的作品处理方式，用纸、塑料片、布皮类等，可以辅助其他类型材料，制作造型、图案、光影精美的灯饰。

（2）分别用不同颜色光源，在黑暗环境下不断调试，改进光影和造型效果。

（3）拍照记录不同光源组合产生的光、影、色、形，最好用感光度、暗黑环境拍照好的相机拍摄。

（4）提交不少于三张不同角度、构图拍摄的照片原图。

（5）提交有创意的设计排版一张，竖构图A3，精度300dpi，jpg格式图片。

二、儿童小夜灯创意设计

1. 前期分析

儿童小夜灯的目标用户确定在1~9岁年龄段，主要以睡前、睡中、晨起三个大的状态进行初步梳理儿童灯需求，如图2-29所示。

前期分析时需要做一些案头研究，为了较全面地对儿童小夜灯相关的内容进行必要的研究，建立研究模型（图2-30），深蓝色模块为重要内容，由夜灯、儿童睡眠、儿童相关产品构成，这部分研究内容和本次设计的夜灯有较强的直接关联和借鉴作用。浅蓝色模块为次要内容，由睡眠环境、夜起、儿童成长等内容构成，这部分内容对本次的夜灯设计有辅助作用。在每个模块下又有若干个关联研究点去细化研究，从而保证前期的研究对儿童夜灯的设计有较全面的把控，而不至于思考设计太过片面。

前期分析研究，适合通过各个领域的研究成果入手，必要的文献资料是非常好的资源，比如有关儿童的睡眠研究论文、书籍，儿童心理、儿童生长发育，照明对生理、心理的影响等学术研究（图2-31），权威且具有很强的指导作用。在开始设计的前期工作中花部分时间和资源，对这些研究成果进行一定的梳理，能达到高屋建瓴的效果，许多设计师往往不愿意做这部分工作，只是着手造型的设计，这样很难从根本性的问题去思考设计。

有了根本性和全局性的各领域研究成果的资料收集和学习，对儿童夜灯的基础性知识和方向性的把握就会更清晰了，接下来可以对有关技术进行一定的了解。设计师不可能各方面都是专家，但基本的原理和技术发展现状还是必须要了解，这样不会在设计后期因为对技术的不了解而出现失控和偏离。现代产品技术的复合叠加越来越多，一个产品的硬件技术和软件技术的结合非常普遍，所以我们对产品有关的软硬件技术（图2-32）也要做较深入的研究，确保后期设计能准确地执行。

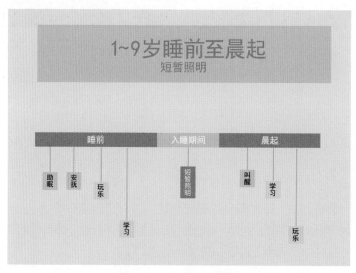

图 2-29　儿童睡眠阶段梳理

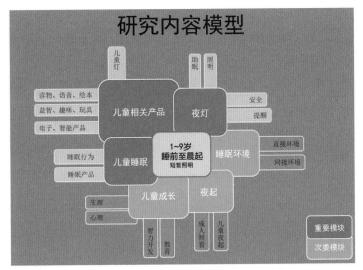

图 2-30 研究内容模型

图 2-31 文献资料收集

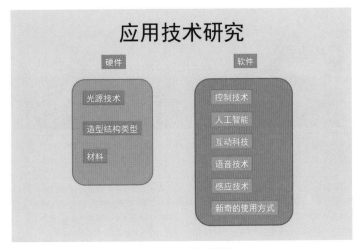

图 2-32 应用技术研究

2. 用户研究

随着经济发展，中产阶级的崛起，消费者的个人意识和权力意识普遍高涨。消费者是用户，尊重用户的习惯、心理、认知，为用户创造更好的体验，甚至是独特的体验，已经成为产品设计非常重要的研究工作。基于用户使用场景和体验的研究对产品设计起到重要的指导作用。用户信息采集如图2-33和图2-34所示。

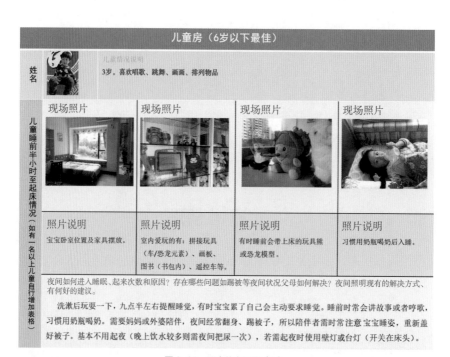

图 2-33　用户信息采集（1）

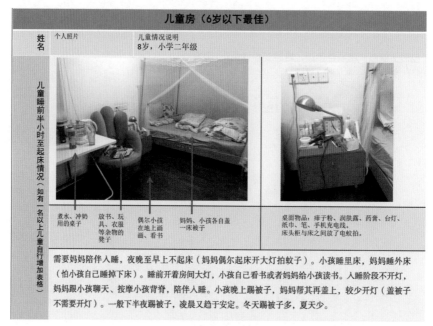

图 2-34　用户信息采集（2）

3. 体验研究

现在产品设计不仅仅停留在视觉的造型、色彩这样普遍的视觉体验层面，体验越来越向全面的方向发展，触觉、听觉、嗅觉、味觉等感官体验，乃至情感等心理层面的体验也是产品体验中的一个研究方向，未来的产品不能提供恰当、良好的体验将丧失竞争力。触觉体验分析如图2-35所示，情感体验分析如图2-36所示。

感受器官	视觉概念与产生感应机制解析	触觉是接触、滑动、压觉等机械刺激的总称。正常皮肤内分布有感觉神经及运动神经，它们的神经末梢和特殊感受器广泛地分布在表皮、真皮及皮下组织内，以感知体内外的各种刺激，引起相应的神经反射，维持机体的健康。因此，皮肤有六种基本感觉，即触觉、痛觉、冷觉、温觉、压觉及痒觉。
皮肤		

触觉体验案例	
案例一：影子挂钟（Shadowplay Clock）	产生体验结果：触觉：手指触碰到墙上。视觉：看到手指的影子表示所指时间。 原因分析：影子也可以用于指示时间，看时间的方式新奇。
个人感受：时钟需要互动才可以看到时间，跟普通的时钟比，虽然不能很直观快捷地知道时间，但看时间这个过程动作的趣味在这个设计当中是最突出的。指光影钟——获取时间的方式有很多，Shadowplay Clock利用与人手指的互动以及产生的光影来展现时间；当你把手指戳在圆环中央时，感应器就会熄灭某些光，手指的光影就成了转动的指针。	留言板： 该产品增加了人与产品的互动，但在很忙的时候还要这样做就会觉得多此一举。 时钟的表达方式会让人眼前一亮。 产品与人的互动，生动有趣。 使得看时间的步骤更加麻烦，但是有趣。 有趣。 方法新奇，且这个触碰好像并不是触碰产品本身，而是产品的周边事物，的确也是一种新颖的产品互动方式。 这个互动感觉很有趣，但看时间不直观。 看时间费时，麻烦。 新颖、好玩、好看，将手指戳在圆环中央时，感应器就会熄灭某些光，手指的光影就成了转动的指针。
案例二：护肤品牌概念包装（热变色涂料涂层）	产生体验结果：触摸后可以看到被触碰的地方有颜色的变化。 原因分析：视觉上看到颜色的变化，瓶子也有"害羞"反应。
个人感受：包装是裸色，跟肤色接近，触碰变粉红色，容易让人想起人害羞时红红的脸。	留言板： 有种含羞草的味道。 好玩。 好可爱，好想摸摸。 瓶子也害羞，好萌的设计。 有趣，但是只是让人觉得它会害羞而已，并没有其他功能。
案例三：扎针安抚器	产生体验结果：给注射器一件外衣，针管变成五彩斑斓的有趣的动物图形。 原因分析：把原本让孩子恐惧的东西变成有趣，对孩子具有吸引力。
个人感受：外形可爱，色彩丰富，消除孩子对针管的恐惧。	留言板： 能转移孩子的注意力，但要防止孩子因好奇而伸手去触碰，影响注射。 可能会加深孩子的恐惧。 我觉得孩子恐惧的是针，虽然加了层外衣，可依旧掩盖不住长长的针。 好有爱的设计。 转移孩子的恐惧。

图 2-35　触觉体验分析

感受器官	视觉概念与产生感应机制解析	情感是态度这一整体中的一部分，它与态度中的内向感受、意向具有协调一致性，是态度在生理上一种较复杂而又稳定的生理评价和体验。情感包括道德感和价值感两个方面，具体表现为爱情、幸福、仇恨、厌恶、美感等。
大脑		

情感体验案例	
案例：遮阳太阳花（遮阳伞＋路灯） 	产生体验结果：人多时太阳花会打开遮阳。 原因分析：感觉太阳伞具有生命力，欢迎人在它身边驻足。
个人感受：造型独特，色彩是大红色，给人热情的感觉，跟蓝蓝的天空相映。伞用充气的方式控制打开和收起。	留言板： 方便大众。 站在"花"下躲避阳光也成了一种享受。 人多的时候太阳花会打开是利用了什么原理？ 打开方式很独特，有趣。 太阳花本来就是向着太阳生长的，而以此作为意象设计成遮阳伞，会给人感觉更加亲切、新奇。 两种功能结合得很恰当。

图2-36　情感体验分析

本次设计的前期研究做了较深入的工作，用户的状态也比较了解，在产品的体验方面也做了恰当的考虑和设计，所以在最后的设计成果中有比较好的表现。有的在造型上下了功夫（图2-37和图2-38）；有的在亲子互动体验和造型组合上做了探索设计（图2-39），有的关注睡眠，在夜起时灯光需求和使用体验上做了功能组合创新，让一款灯在不同的使用场景下有不同的使用形式（图2-40）；有的在操作方式和功能上为儿童匹配了合适的设计，通过材料的质感，在触觉和变化造型的互动体验上做了适合儿童心理的设计（图2-41），图2-42是研究中发现儿童对养护植物的兴趣，结合灯光和植物的关系，设计出既可以作为床头的夜灯，又可以养护植物的产品，灯光选用适合植物生长的光源，满足儿童在室内种植植物的需求，培养儿童观察植物生长的兴趣爱好，同时也美化了卧室空间。

Night tour *night light lighting design*

夜之旅

—— 夜灯灯饰设计

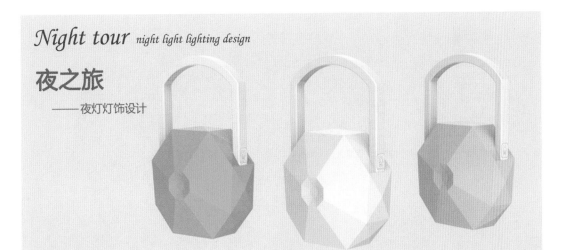

人群定位：年轻妈妈、1-9岁儿童，夜里照顾宝宝使用。
设计定位：让妈妈与孩子在柔和的灯光中进入睡眠，在宝宝饿醒后，让妈妈更方便地照顾宝宝；或者夜里小孩起夜使用。

设计说明：这款名为夜之旅的儿童夜灯外型来源于"锁"，表达母亲与孩子之间紧密相连的母子（女）之情；使用方式，睡觉时，碰触把手上的开关，下面的部分会亮起柔和的灯光，当半夜起床要看些什么东西时，可再碰触一下开关开启把手上的灯光，起夜时，由于底部的面有通透聚光的作用，一拿起灯光就会照射到地面上，方便行走。

设计过程

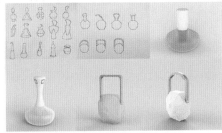

使用环境

使用示意图
方案结构图

触摸开关，
亮起夜灯

在柔和的灯光下进入睡眠

起夜或做什么事时，可提起夜灯，由于底面为透光强的材料，光可照射在地面上。

灯放直位置不变，需要看清是事物的，可再碰触一下开关，把手上的LED灯混余光起

手提把手
把手灯珠
开关
灯罩
灯泡
充电孔
聚光片

方案细节图
三视图与角度展示

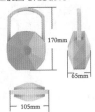

170mm

65mm

105mm

图 2-37 设计展示（1）
（设计：李广莹 指导老师：徐清涛）

设计说明:

　　造型来源于兔子,外观可爱、美观;兔鼻子是开启与关闭夜灯的开关,轻按开关,灯开启,在灯开启的10s之内灯光由暗变亮后亮度便稳定。兔耳朵既可以当把手,方便行走时照明,同时当旋转把手时可以调节球体的亮度。当把手位于球体正上方时,灯的亮度最亮;把手由正上方向两边旋转时,亮度由最亮慢慢变暗;反之,则慢慢变亮。

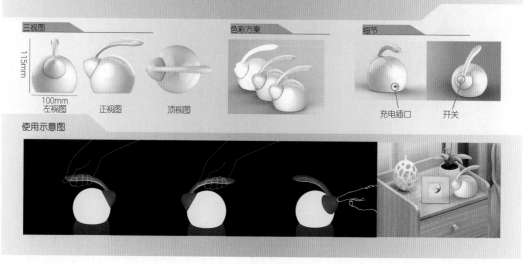

图 2-38　设计展示(2)

(设计:洪丽娇　指导老师:徐清涛)

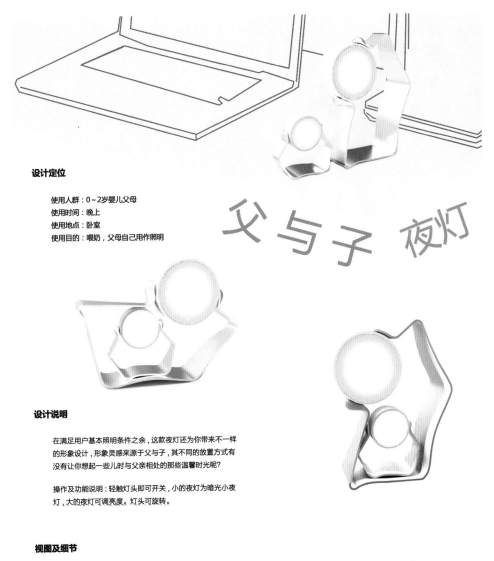

设计定位

使用人群：0~2岁婴儿父母

使用时间：晚上

使用地点：卧室

使用目的：喂奶，父母自己用作照明

父与子 夜灯

设计说明

在满足用户基本照明条件之余，这款夜灯还为你带来不一样的形象设计，形象灵感来源于父与子，其不同的放置方式有没有让你想起一些儿时与父亲相处的那些温馨时光呢？

操作及功能说明：轻触灯头即可开关，小的夜灯为暗光小夜灯，大的夜灯可调亮度。灯头可旋转。

视图及细节

转轴结构

使用示意图

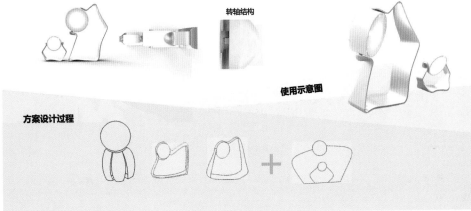

方案设计过程

图 2-39 设计展示（3）

（设计：胡泽 指导老师：徐清涛）

BB light
—— 婴儿小夜灯

可调整角度　夜晚操作方便　减小影响他人睡眠　节省空间的夜灯

产品细节：

操作说明：

轻触灯头部前面板，时间数字逐渐亮起，可作为夜间基本照明，持续 5min 后缓缓熄灭

将头部旋转出支架，底部灯亮起且随角度的增大而亮度加强，处于水平状态时达到最亮，转回支架后缓缓熄灭

提起提手，灯自动亮，光线透过支架向周围散发柔和的光，方便移动，且后部有调节按钮，可调节时间

结构图：　　　　　　　　三视图：　　　　　　　　产品配色：

设计说明：
　　BBlight是一款充电式婴儿夜灯，具有时钟功能，也能用于照明，适用于夜间只需要弱光的情况下使用，如哄宝宝睡觉，当需要强光活动时，如冲奶粉、换尿布等，只需把灯的头部旋转出来，即可调节亮度，也能调节角度，光线集中且明亮，也能减少对旁人的影响，一提手灯就亮，也方便移动，如此呆萌可爱的小夜灯将会是妈妈照顾宝宝的好帮手。

图2-40　设计展示（4）
（设计：钟云婷　指导老师：徐清涛）

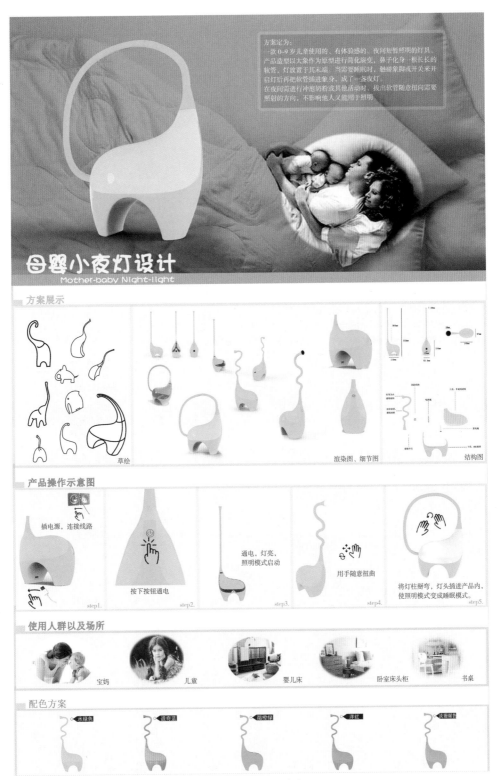

图2-41 设计展示（5）

（设计：欧彩霞 指导老师：徐清涛）

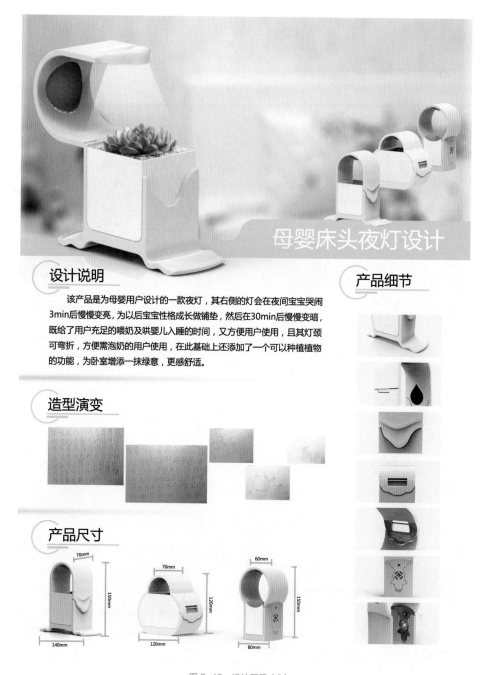

图2-42 设计展示（6）
（设计：袁伟丽 指导老师：徐清涛）

课后练习

（1）选择特定人群展开，分析他们的特征，并立足于某个具体的使用场景下进行灯具设计。

（2）设计的重点是符合该人群的审美、功能、体验的需求。

（3）提交分析报告ppt和产品设计排版图1~2幅，排版A3竖构图，精度300dpi，jpg图片格式。

第三节　主题情景、体验类灯饰设计实践

一、婚礼主题灯饰设计

婚礼（图2-43）主题灯饰是在和一家灯饰企业负责人聊天时，聊到结婚这么重要的人生大事，是否有些特殊的灯饰可以帮助新人增强婚姻的美好体验，初期聊得都还比较保守，只是在现有的灯具、灯饰中改良设计成符合结婚这个环节的情景中。在组织学生开展以婚礼为主题灯饰设计中考虑到设计的延展性和丰富的趣味，就没有限定本次设计是以改良现有灯具来适合结婚的场景。而是鼓励广泛探讨婚礼的意义所引发的特殊需求。在这特定的情景中，所涉及的特殊场景下，从情感、体验等角度入手，灯可以在结婚的过程中起到独特的作用。

1. 开题

什么是结婚？结婚的意义是什么？婚姻代表了什么？什么样的婚礼是理想的婚礼？一开

图 2-43　婚礼

始就抛出这些颇有难度，但大家都有兴趣也必然会去思考的问题，这些问题都涉及价值观取向，是思考此次设计核心的问题，是希望获得什么体验的源头问题。

同学们讨论得很热烈，由于都没有结婚的体验和婚姻生活的阅历，会更单纯地聚焦在对婚礼憧憬中的浪漫与甜蜜，事实上每对新人在步入婚姻的殿堂时也都是这么满怀憧憬地在筹备婚礼，那么这次的设计主题就确定围绕"浪漫与甜蜜"来展开。

2. 场景分析

目前中国婚礼核心的场景主要是在婚宴的酒店大堂和新人的新房，为了布置这两个场景，不少家庭会委托婚庆公司极尽各种创意来进行布置。婚礼作为一种仪式，其意义在于获取社会的承认和祝福，防止重婚，帮助新婚夫妇适应新的社会角色和要求，准备承担社会责任。人是群体性动物，获得认可和社交需求强烈，婚礼恰恰是社交属性非常强的场景。

在搜索"婚礼现场"的图片（图2-44）时，只有个别图是白色为主基调，其他均是红色，更准确说是紫红色，现代中国人接受了大量的现代文学、艺术、商业等洗礼，紫色代表浪漫，尤其是紫红色，和中国传统的"中国红"较为接近，审美的流变就非常顺畅，年轻人感知的是浪漫、神秘的紫色属性，保守年长的亲友认知的是红色喜庆的氛围。紫色原本在传统文化中是吉祥富贵的象征，"紫气东来"一直是好运的征兆，所以紫红色毫不费力地接手了传统婚礼中大红色的"中国红"，成为婚宴现场的主色，既现代又和传统保

图2-44　婚礼现场检索图截屏

持密切的关联，这算是非常有趣的一个发现。

我们找了常见的婚礼场景中婚宴现场图（图2-45），不是很奢华，但隆重、热烈的气氛能让大家感受到婚礼喜庆的氛围扑面而来。这是中国最常见的婚宴场景，在这里新人成为主角，向所有亲朋宣誓相互守护，多年未见的亲友会在婚宴的场景中重逢，相互不熟的亲友也在婚宴的场景中互相确认了"朋友圈"，在短短两三小时的喜庆气氛下相识的人得到一次相逢，不相识的人成为下次相逢的起点。大家交换各自的经历，回顾往事，畅聊共同认识的亲友和未来的愿景。

当我们搜索"婚房"时，可能出来的图片和婚宴场景会有些不同，中国人普遍的婚房色调会是更纯正的中式的大红色，大红色作为喜庆、热烈婚礼必备的色彩，这是传统审美的坚持，也是大家普遍接受的文化色彩，喜气洋洋的红色更能调和代际间的审美认同，少数婚房是以紫红色为主。当前中国的父母、爷爷、奶奶、外公、外婆以及年长或思想传统一点的亲友会用他们的意志影响绝大多数新婚人群对色彩和婚房的布置，尽管婚后正常的婚姻起居生活不会保留婚房布置，

但这种仪式感在婚礼的场景中被推崇。

图2-46是搜索"婚房"的截图，图中大多是大红色为主基调，即便不是以大红色为基调，但点击打开看场景中必定会有不少物品是红色的。

另外，我们还找了具有代表性的婚房布置场景（图2-47）来强化对婚礼的感性认知。一种是绝大多数的代表，以纯正的中国红（大红色）为主基调的婚房布置。红色是孕育新生命的前导色，中国新婚洞房背后的精神推动力是对生育后代的终极诉求，每个新生命的诞生都是浸泡在血红色中的艰难前行，血色是最初的苦难阵痛的信号，母亲在生产婴儿的过程中，母子共同在生与死的关口反复拉锯，过程极其艰难、痛苦，成功后也必然极其喜悦、幸福。后来文化逐渐将苦难剧痛的血色演绎为喜庆、热烈，这是生存所需要的精神解释。

另一种较为少见的是受西方文化的影响，以白色为主基调的婚房布置（图2-48）。在中国，白色主要用于丧事中，和结婚并称为红白喜事，绝大多数中国人还是会对结婚时以白色为主有非常大的顾虑，即使年轻人无所谓，但

图 2-45　具有代表性的婚宴现场

图 2-46　婚房检索截图

图 2-47　中式婚房布置

图 2-48　西式婚房布置

长辈和亲友会极力阻止。折中方式是同时使用较多临时性的紫色或红色装饰点缀物，比如气球、花卉等。

3. 婚礼用品

花一些时间将婚礼场景中较为常见的物品——罗列出来（图2-49），这种罗列是非常有价值的，可将设计者带入婚礼场景中，罗列物品并非只是凭着记忆，而是要通过各个平台检索，组织同学讨论，许多时候设计的气氛很重要，小组群体讨论能带动整体的积极性和对设计项目的兴趣，多元的思维碰撞也是加深对设计项目理解的有效手段。

组织设计项目开展需要教师设计一些活动环节来调动大家的热情，接下来的环节是组织大家将罗列出的物品找到对应的图片，并将它们呈现出来。文字语言是抽象的，将抽象的文字语言以图像的方式呈现，能将抽象后的文字所指代的物品还原出大部分的信息，如果是实物本身那将会更全面地获取信息，如果是将物体置于具体的场景，那么物体所包含的信息和关联的信息将会更加立体、全面、准确。但所有事情都需要在可执行层面来开展，图像的呈现是现有条件下最经济可行，也是能保证信息完整度的方式。由于真正罗列物品较多，在找图时同一物品会有多种不同的图，下面只是将最后感觉比较强烈且希望将它做成灯饰的物品筛选并形成阵列图像（图2-50）。

图 2-49　婚礼物品罗列

（徐清涛制图）

图 2-50　婚礼物品阵列图像

4. 婚礼主题系列设计案例

婚纱是每个女性对婚礼中最期待的物品，在前面讨论中也反复被提及。许多同学渴望希望用婚纱的样式、材料以及装饰的蕾丝花边等来展开设计想象。婚纱主题系列设计如图2-51至图2-55所示，手捧花灯设计如图2-56所示。

元素提炼

由婚纱提炼出视觉**元素1**—裙摆和头纱

裙摆

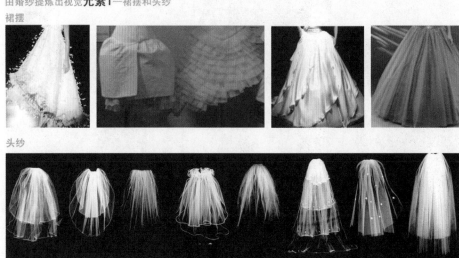

头纱

图2-51　婚纱元素提炼

婚纱裙摆
&
领带

婚纱的裙摆象征新娘，礼服的领带象征新郎，以这两个元素设计一对落地灯。

裙摆灯罩制作过程

设计：潘翠仪
指导老师：徐清涛

图 2-52 婚礼主题系列——婚纱（1）

婚 纱 裙 摆

设计：李丽珍
指导老师：徐清涛

以婚纱裙摆作为设计创意，非常具有表现力。白色的材质配合不同的光色也极具延展性。

图 2-53　婚礼主题系列——婚纱（2）

蕾丝 花瓶灯

设计思路与素材

花瓶造型 + 蕾丝装饰

青花镂空花瓶
（古代有作灯罩用）

蕾丝花边

设计草图

蕾丝花瓶灯草图方案

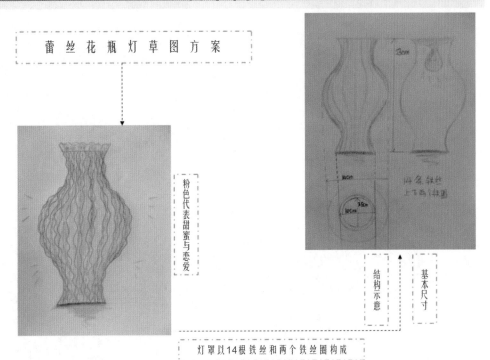

粉色代表甜蜜与恋爱

结构示意

基本尺寸

灯罩以14根铁丝和两个铁丝圈构成

图 2-54　婚礼主题系列——蕾丝花瓶设计构思

模型制作

1.

用铁丝绑扎成
花瓶造型

2.

用蕾丝沿铁丝缝上，固定出造型

3.

将灯泡安装固定在顶部

4.

用亚克力胶版制作花瓣形，用来遮挡
灯座和灯泡

5.

将花瓣形遮盖
和灯主体连接

6.

用蕾丝装饰花瓣形
遮盖

完成

设计：梁丽霞
指导老师：徐清涛

图 2-55　婚礼主题系列——蕾丝花瓶灯实物及制作过程

捧花灯

在婚礼中有个高潮环节，新郎、新娘宣誓完后，新娘会将手中的捧花抛向现场的未婚男女，据说接到的人将获得爱神的眷顾。所以每次在新娘抛花的时候都特别欢乐，所有人的情绪都会被调动起来。有感于此，以捧花为载体设计的灯饰被运用到婚礼场景中，婚礼结束后仍然可以延续到家庭，作为装饰性的夜灯长期使用，而且能承载婚礼中美好的记忆与祝福。

指导老师：徐清涛
设计：杨媛媛

图 2-56 婚礼主题系列——手捧花灯

准备一串七彩LED串灯，用带图案的塑料纸包纸糖的方式，将每一颗LED灯珠包成一颗糖果，然后接上电源即可。简单易制作，效果和氛围非常好。喜糖灯设计如图2-57所示。

准备几颗大功率白光LED灯串联在一起，

用红色卡纸以卡扣的方式设计出喜糖盒的造型，在局部镂空吉祥图案。卡扣设计成心形，既符合主题，又是非常好的装饰。喜糖盒灯设计如图2-58所示。

设计：苏　露
指导老师：徐清涛

七彩LED串灯

图 2-57　婚礼主题系列——喜糖灯

设计：徐慧珺
指导老师：徐清涛

图 2-58 婚礼主题系列——喜糖盒灯

准备一叠花底吸油纸，将其对折后适当松散开成球形，将中间掏空能将灯泡安装固定。用一节PVC管将两层英式下午茶用的点心盘和底座固定，从PVC管中通电源线就大功告成。

灯光会从纸的夹缝中溢出，光效非常温馨唯美。糖果点心盘灯设计如图2-59所示。

设计：伍素欣
指导老师：徐清涛

图2-59　婚礼主题系列——糖果点心盘组合灯

　　雨伞有家的意思，也是嫁娶婚俗礼仪中一项不可或缺的物品，觉得雨伞下是最浪漫的，那么用雨伞做一盏灯的话，既可以衬托婚礼的浪漫气氛，又可以表达婚姻本意——风雨共担，如图2-60所示。

伞的意涵

- 在中国，伞被称作"能移动的房屋"，而房子意味着家。

- 雨伞是嫁娶婚俗礼仪中不可或缺的物品。中国传统婚礼上，新娘出嫁下轿时，喜娘会用红色油纸伞遮着新娘，以作避邪。

- 早期客家庄里，由于"纸"与"子"谐音，故客家女性婚嫁时，女方通常会以两把纸伞为嫁妆，含"早生贵子"的意思，且繁体"傘"字里有四个人字，也象征着多子多孙。

- 在英国，雨伞表示女人对爱情的态度。把伞竖起来，表示对爱情坚贞不渝；左手拿着撑开的伞，表示"我现在没有空闲时间"；慢慢晃动伞，表示没有信心或不信任；把伞靠在右肩，表示不想再见到对方。

- 在日本传统婚礼上，新娘也会被红色油纸伞遮着。

雨伞结构

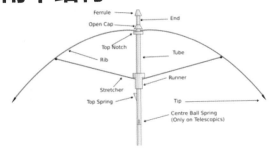

图2-60　雨伞结构

方案推演思路：伞＋（造型、结构）＋装饰图案（永恒与吉祥，红色）＋材料（红飘带缠绕）＋灯（灯型、光影氛围），如图2-61所示。

制作步骤：红色丝带，沿着伞骨一圈一圈

地缠绕，寓意千里姻缘一线牵。从一而终，长长久久，婚姻是两个灵魂永久的缠绕，象征婚姻的永恒。红丝带也有吉祥和神圣的寓意，如图2-62所示。

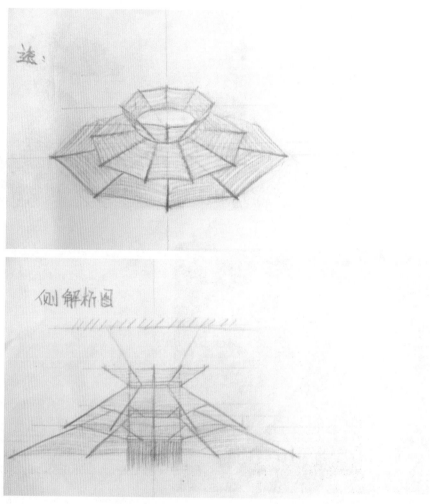

图 2-61　方案推演

图 2-62　伞灯制作步骤

设计说明：一盏小小的伞灯，不仅是灯，更多演绎了"爱"的真谛——夫妻之爱、温情之爱、生活之爱。一盏"伞灯"挂于新房，增加婚礼气氛，也寓意新人婚姻的美满和幸福。伞灯设计如图2-63所示。

图 2-63 婚礼主题系列——伞灯

（设计：李崇平 指导老师：徐清涛）

二、诗词内涵推演的创意灯饰设计

在指导学生设计过程中，常常有感于许多学生没有想法或想法混乱，或有了一个好的创意却不知道如何赋予其适合的表现载体及将创意高质量地输出表达。此处重点针对造型创意表达中的起始到最后深入改进过程缺乏相应的方法论的支撑。多数做造型设计的人喜欢上各种设计网站浏览设计作品，从中找到启发（参考、借鉴），这是个办法，但不是最好的办法，这种参考借鉴他人设计成果的方式有一定效果，也会在现有的设计市场有较好的回报，但无法提高设计师综合、系统的设计思维能力。

此处将介绍的方法是徐清涛老师针对初学设计的基础薄弱学生而研究出的一套造型设计推演方法。主要是解决造型的来源和推进设计，它还在不断发展过程中，目前初步构建成为一个小推演系统，在整个设计流程后期为造型或体验设计部分提供了一条执行路径。

首先说明一点，以诗词作为创意推演的方法并不仅限于诗词，也可以是一本书、一部电影、动漫、戏剧等，甚至可以是设计定位的关键词。其核心是围绕某一内容提炼出的文本或关键词，展开包含的具体人、事、物、环境、情感、意义等深入的具象的描述和解释，这种描述和解释尽量以具体视觉可认知的图片或其他影像形式能呈现的，总之是要能以具体的形象呈现。

这里以某句诗词作为出发点，用三个案例来解释这种方法论的具体执行思路和方法。先给大家展示一个简单案例，直接提取造型；第二个例子是分析文字背后的场景意境，推演出设计创意的方法；第三个案例是依照诗句中出现的事物，推导、联想出具有互动体验性的设计，关注点主要不在具象造型上，而在使用体验上。

案例一

每人找一首喜欢的诗词，并从中节选喜欢的一两句。

● 斜拔玉钗灯影畔，剔开红焰救飞蛾。

这是一位女生选的诗句，诗句出自唐代诗人张祜的《赠内人》。唐代选入宫中宜春院的歌舞妓称"内人"。她们一入深宫内院，就与外界隔绝，被剥夺了自由和人生幸福。

《赠内人》

禁门宫树月痕过，媚眼惟看宿鹭窠。

斜拔玉钗灯影畔，剔开红焰救飞蛾。

选出的诗句是诗的下半首，诗的上半首写皇宫的外景，诗的下半首把镜头从户外转向户内，从宫院的树梢头移到室内的灯光下，展现了一个斜拔玉钗、拨救飞蛾的少女近景。前一句"斜拔玉钗灯影畔"，是用极其细腻的笔触描画出了诗中人的一个极其优美的女性动作，显示了这位少女的风姿；后一句"剔开红焰救飞蛾"，是说明"斜拔玉钗"的意向所在，显示了这位少女的善良心愿。如果说她看到飞鸟归巢会感伤自己还不如飞鸟，那么当她看到飞蛾投火会感伤自己的命运好似飞蛾，而剔开红焰，救出飞蛾，既是对飞蛾的一腔同情，也是出于自我哀怜。

这是一首意味深曲、耐人寻味的宫怨诗，在艺术构思和表现手法上有其与众不同的特色。整首诗包含的景物非常丰富，单看下半首也能分析出不少人、事（行为或动作）、物（自然物、人造物）、景（环境或场景）、时间等多维度的物象与行为。诗句内涵推演如图2-64所示。

通过推演诗句的内涵，罗列出各种相关内容，从中选定以"飞蛾"作为造型创意原点，接下来将对"飞蛾"的形态进行检索与研究。

需要说明的是，此处飞蛾只是泛指带翅膀的昆虫，不是严格生物学意义的定义，我们研

图 2-64 诗句内涵推演图
（徐清涛设计制图）

究的目的是飞蛾类带翅膀昆虫的造型对我们要设计的产品在造型上的启发，带动我们的联想，成为造型的创意原点。所以，我们挑选图片时，形态的差异性要大，适合将要设计的产品为选择出发点。至于生物学上的准确、全面都不是我们考虑的重点。当然，通过设计产品而关注到某类学科知识，并加以学习获得新的知识储备，这也是这个设计方法论里延伸出的一个附带功能和次要目的。飞蛾形态检索如图2-65所示。

在矩阵图的最后一行，正中间黄色线框内标有心形符号的飞蛾图形最终被选为后续造型创意的原点素材，这种方式很好地帮助设计者从没有想法或不知从何处入手开展造型创意，也是避免一味从设计网站模仿已有的产品造型，避免被人诟病模仿、抄袭。因为我们创意的原点是最基础的形态，没有其他设计师处理过的印记，从基础的状态对形态进行处理后得到的造型或创意，必然是原创的。飞蛾造型灯图形推演简化过程如图2-66所示。

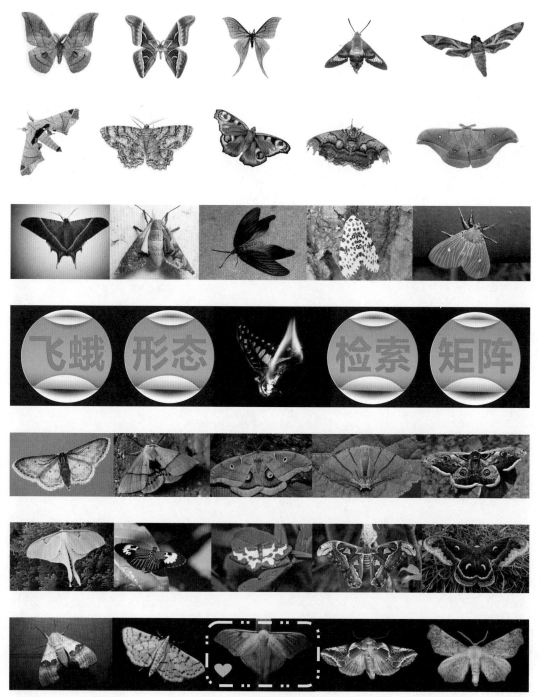

图 2-65　飞蛾形态检索矩阵图

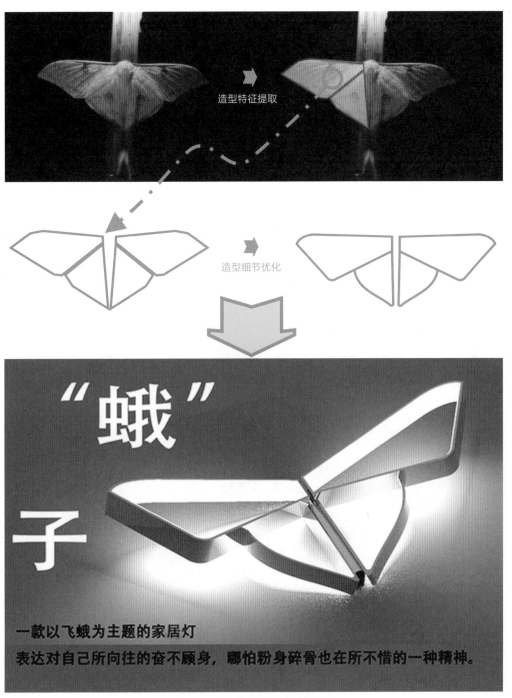

图 2-66 飞蛾造型灯图形推演简化过程
（设计：陈绮文 指导老师：徐清涛）

案例二

前一个案例侧重的是通过分析文字背后的场景意境，推演出设计创意的方法（不仅仅是造型创意）。初始设计这个系统的方法论是为了解决学生在产品设计执行中造型思路的混乱与匮乏，但在执行过程中除了作为造型概念来源解决方法，同时也能部分作为产品概念创意（功能、体验、结构等）。

第二个案例找的是龚自珍的《己亥杂诗》

《己亥杂诗》（其五）

浩荡离愁白日斜，吟鞭东指即天涯。

落红不是无情物，化作春泥更护花。

选取后两句作为概念来源，分析这两句的内在所包含的事物、场景和背后的寓意，从中发现和选取有价值的概念原点作为后续创意的方向。诗词内涵推演图如图2-67所示。

设计者对此诗描述的场景特别着迷，决定以诗中描述的场景来展开设计。通过检索大量的图片资料，筛选出部分比较符合意向的图片

作为直观的形象，方便研究。这些图片都是落花、落叶的景象，有的浓烈，有的淡雅，如图2-68所示。

这个设计不强调造型，强调的是产品所传达出的意境和使用体验，所以设计专注于如何表达出落红的过程和意境。设计以一棵树为形象，以落红（叶、花）从树上飘落过程的动态情景与落地后铺满地的场景意境为体验表现要素。这种体验除了视觉体验，在声光电的元素上可以进行深入表达，落红（叶、花）飘落的过程需要考虑时间、飘落的速度等要素，这个设计可以在视觉、听觉、嗅觉、触觉、时间等体验维度进行综合的多维度的体验设计。创意案例飘落互动床头灯如图2-69所示。

这类设计适合强调创意概念的表达，可能不容易实现，但设计的进步正是不断地提出创新想法，逐步去实现，从而推动进步。

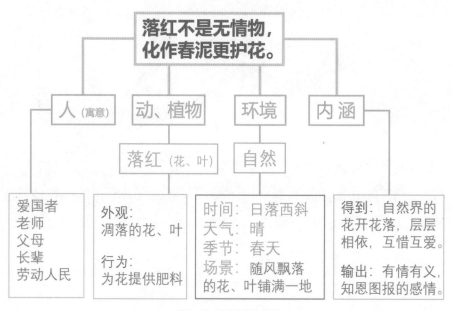

图 2-67　诗词内涵推演图

图 2-68　落红诗意场景的具象图像

飘落

床头灯

设计说明：以大树落英缤纷为主题用飘零的 LED 灯珠模拟"落红不是无情物，化作春泥更护花"的意境设计的一款床头灯。

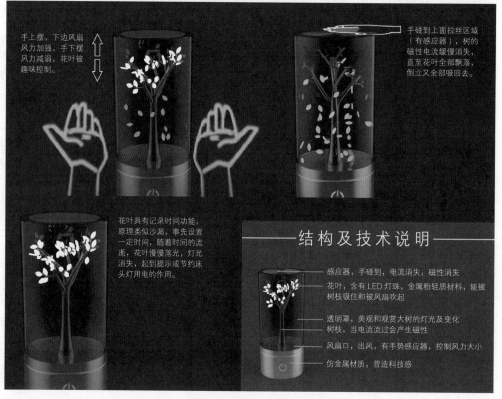

手上摆，下边风扇风力加强，手下摆风力减弱，花叶被趣味控制。

手碰到上面拉丝区域（有感应器），树的磁性电流缓慢消失，直至花叶全部飘落，倒立又全部吸回去。

花叶具有记录时间功能，原理类似沙漏，事先设置一定时间，随着时间的流逝，花叶慢慢落光，灯光消失，起到提示或节约床头灯用电的作用。

结构及技术说明

感应器，手碰到，电流消失，磁性消失

花叶，含有 LED 灯珠，金属粉轻质材料，能被树枝吸住和被风扇吹起

透明罩，美观和观赏大树的灯光及变化

树枝，当电流流过会产生磁性

风扇口，出风，有手势感应器，控制风力大小

仿金属材质，营造科技感

图 2-69 飘落互动床头灯
（设计：邓秀东 指导老师：徐清涛）

《望月怀远》

海上生明月，天涯共此时。

情人怨遥夜，竟夕起相思。

灭烛怜光满，披衣觉露滋。

不堪盈手赠，还寝梦佳期。

设计缘起于张九龄的《望月怀远》，取前面两句："海上生明月，天涯共此时。"这两句所涉及事物大概有以下几种，如图2-70所示。

设计者选择了围绕月亮来开展设计。在查阅资料时，找到关于月亮在古代的各种别称，非常有意思，也非常丰富，有的象形，有的象征性强，有不少是传说故事和人物、动物、植物等，内涵丰富，如图2-71所示。

最后选择以兔子活泼可爱的形象为设计的切入点，具体使用场景定位如图2-72所示。

低龄儿童睡觉前需要父母帮助，慢慢进入睡眠状态，在这过程中可提供合适亮度、颜色的灯光，或者一些适合睡前亲子互动的游戏来引导进入睡眠状态。兔子是广受儿童喜爱的动物，容易让儿童接受和有安全感。将要设计的互动床头灯以橙黄的灯光营造睡眠的氛围，灯的主体是硅胶材质的灯球，灯球中有兔子图案，这个兔子图案是通过内在的投影装置产生的，具有互动性，当儿童手指点到兔子时，兔子会随机跳动到其他位置，吸引儿童点按，从而可以训练儿童手指的定位能力。以此思路，还可以扩展其他不同的游戏方式和使用功能。互动床头灯设计案例如图2-73所示。

图2-70 诗句内涵图像罗列

素 材————月亮

中国古代月亮的别称

(1)因初月如钩,故称银钩、玉钩。

(2)因弦月如弓,故称玉弓、弓月。

(3)因满月如轮、如盘、如镜,故称金轮、玉轮、银盘、玉盘、金镜、玉镜。

(4)因传说月中有兔和蟾蜍,故称银兔、**玉兔**、金蟾、银蟾、蟾宫。

(5)因传说月中有桂树,故称桂月、桂轮、桂宫、桂魄。

(6)因传说月中有广寒、清虚两座宫殿,故称广寒、清虚。

(7)因传说为月亮驾车之神名望舒,故称月亮为望舒。

(8)因传说嫦娥住在月中,故称月亮为嫦娥。

(9)因人们常把美女比作月亮,故称月亮为婵娟。

(10)夜光、孤光、夜明、玄度、玄晖、玄烛、素晖、晖素、素影、霄晖、皓彩、圆光、圆景、圆影、圆缺、清晖等。

图2-71 月亮素材内涵研究——别称罗列

使用场景

1. 父母和孩子同床睡觉,晚上需要哄小孩子睡觉,床头灯的互动有助于孩子更好地入睡。

2. 辅助训练低龄幼童的手指指向动作与能力。

图2-72 使用场景

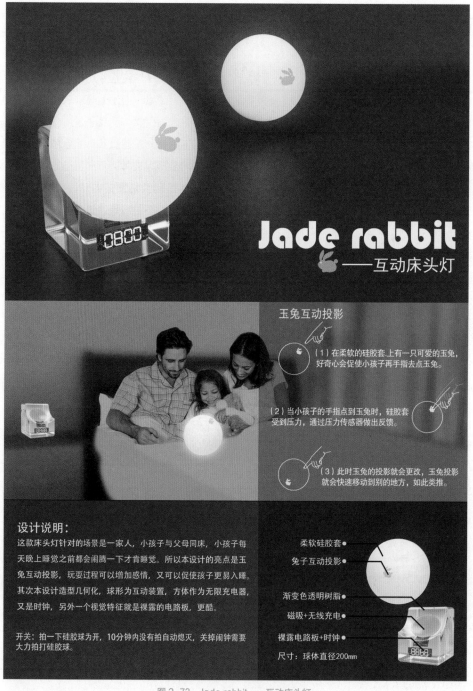

图2-73 Jade rabbit——互动床头灯
（设计：梁庆添 指导老师：徐清涛）

📖 **课后练习**

（1）参照本节提供的方法，选两句你喜欢的古诗，试着通过分析其中的素材来进行灯具产品设计。

（2）分析过程以ppt报告形式呈现，产品设计排版A3竖构图，精度300dpi。

第三章

企业灯具设计
开发实务

第一节　音乐变焦吊灯

音乐变焦吊灯（图3-1）是广东凯西欧光健康有限公司设计开发的产品，并申请了专利，专利号：ZL201630192935.4。

广东凯西欧光健康有限公司是一家集照明灯饰设计、开发、制造生产的企业，产品主要销往欧洲，公司特别重视专利的研究与申请。公司现已申请中国专利500多项、国外专利50多项。获得广东省专利优秀奖多次及中国专利优秀奖多次，2012年，荣获中国设计奥斯卡设计大奖——中国创新设计红星奖，并荣获广东省知识产权优势企业、广东省民营科技企业等荣誉称号。

广东凯西欧光健康有限公司开发产品的特点是愿意投入资源去设计研究技术专利，并形成强大的专利池，构建该公司产品牢固的技术壁垒。

1. 设计要点及理念表达

设计要点及理念表达如图3-2所示，技术特点如图3-3所示，寓意表达如图3-4所示。

图 3-1　音乐变焦吊灯

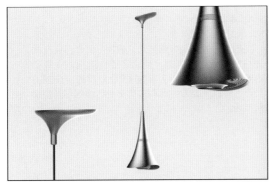 

源自大自然的灵感，如含苞欲放的花儿般生命蓬勃。
结合情调照明理念，让光和音乐演绎出舞动的灵魂。

含苞欲放，生命蓬勃

仿生设计：设计灵感来自含苞欲放的花朵，
其中灯泡和音乐喇叭组成部分犹如花蕊，
让人百看不厌。

圆弧勾画：设计主题创新地使用了优美的
弧形线条，勾画出别致的花朵外观轮廓。

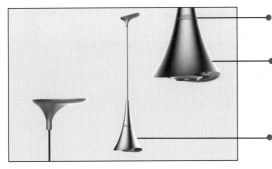

造型：运用仿生设计学，用优美的弧形线条表现
含苞欲放的花朵造型。

色彩：整体主色调为银白色，其他配色采用马卡龙
色系，给人一种温和少女的感觉，俏皮、清新的温柔，
迷人的色彩，没有繁华的躁动，也没有归隐的灰暗，
如初恋般，让人回到最美好的青春年华。

材质：利用可回收的环保塑料作为整个灯的主要
材料，既能满足复杂的外观造型需求，又能方便
实现各种灯光变换。

图 3-2 音乐变焦吊灯设计理念

15°光束角

55°光束角

结构创新，15°~55° 无级变焦

采用独创的无级变焦技术，解决传统灯具只有单一光束角不可调的问题，简化了变焦结构，突破了室内灯具的小体积设计及拓展 LED 灯具的变焦范围（15°~55°），从专业照明应用市场延伸到普通家居照明市场。

光与音乐融为一体

光与音乐：内置高品质的全频钕铁硼喇叭，和灯具融为一体，采用蓝牙 4.0 及 App 控制技术，可以通过智能手机对灯泡进行无线控制，包括改变灯光颜色、控制歌曲播放等。

情调照明：可随着人的情感需求而改变吊灯的亮度、颜色、光束角等，在变化的过程中融入不同的音乐节奏，达到人与照明的互动与交流。注重情感、音乐与灯光的应用，用灯光和音乐营造出一个舒适的空间环境。

图 3-3 音乐变焦吊灯技术特点

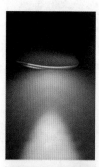

寓意表达

音乐能改善性情，灯光能缓解情绪
音乐可以带走寂寞，灯光可以带走疲劳
音乐是人的精神食粮，灯光是人的心灵明灯
在这个喧嚣的城市里
人们都渴望一份属于自己的宁静
音乐变焦吊灯，"她"也许能真正读懂你
为你
诉说心情
表达情绪
传达爱意
抚慰心灵

图 3-4 音乐变焦吊灯寓意

2. 产品保护策略

音乐变焦吊灯专利见表3-1。

表3-1 专利情况列表

序号	专利名称	专利号	授权日	法律状态
1	LED变焦万向转动灯	ZL201410235914.6	2016.08.17	有权
2	一种带氛围的灯组件	ZL201310637624.X	2015.08.26	有权
3	止动环限位的双圆旋转调焦天花灯	ZL201310637319.0	2013.12.02	有权
4	弹簧限位的双圆旋转调焦天花灯	ZL201310637565.6	2013.12.02	有权
5	一种灯组件	ZL201310581605.X	2015.11.25	有权
6	双反射罩变焦灯	ZL201410306819.0	2014.06.30	有权
7	一种带氛围灯的组合式LED灯组件	ZL201310638742.2	2015.12.23	有权
8	一种组合式灯组件	ZL201310634406.0	2015.08.26	有权

3. 社会效益

大胆创新的设计,改变传统吊灯的印象。打破传统设计理念,颠覆传统设计形象;进行产品优化,获得国内外专利,远销欧美;达到国际设计水平,提升国际影响力。

设计与文化的结合,带给消费者美的视觉享受。表现出含苞欲放的花朵的蓬勃生命力,实现美的视觉享受;与"情调照明"设计理念吻合;打破被国外巨头垄断的局面,指引未来的发展方向。

以人为本的理念,提高人们的物质文化生活水平。根据个人喜好控制灯光与音乐的配合,"人,就是生活的艺术家";指引今后吊灯智能化发展方向,提高人们的生活品质。

4. 经济效益及发展前景

设计简单新颖,打破国外垄断。设计新颖,打破了设计理念长期被国外设计垄断,兼顾了商业价值和艺术价值;结构设计简单,装配容易,适合大规模的工业化生产;传统吊灯的一次重点突破,给予传统吊灯不一样的新功能;提供了节能环保与新颖性并存的质量保障,大大提高了产品附加值和品牌价值。

指引发展方向,引领设计时尚。引领LED绿色节能发展方向,指引着LED智能化的发展方向;加快了LED照明替代传统照明的速度,推动了行业发展;大力推进国内LED产品的出口量,出口销售呈指数上升。

第二节　三代同堂家庭成员功能性灯具设计开发

1. 开发背景

三代同堂的家庭结构，主人为30~45岁夫妻，上有父母、下有子女。为主人房、老人房、小孩房一组三个夜灯产品，一组三个产品可互相关联，也可单个产品独立使用。

该案例由如果电子科技有限公司提供。如果电子科技有限公司，以业设计团队为核心，专注于工业设计12年并屡获国际设计大奖。公司位于国家级工业设计园区广东工业设计城。其坚持用独立的创新设计，为生活带来更多的可能。从生活出发，从生活学习，尊重生活的本意。坚持原创为核心，追求友善、简约实用有温度的创意产品。

2. 初期产品规划

如果电子产品线规划如图3-5所示。

经过开发人员调研、讨论，从用户场景、成本、工艺等几个方面的衡量后确定重点使用近焦投影技术，将时间投影到硅胶灯罩上，方便夜晚看时间，视觉也更柔和。硅胶灯罩触觉柔软，灯光舒适温暖。在老人房和主人房构筑SOS应急呼叫功能，夜间是老年人突发疾病的高发时间点，如心梗、脑梗或者其他短时间不能自理等，老人在夜晚身体不适时通过深度按压硅胶灯罩，触发求救按键，主人房的夜灯能接收到声、光的提示，急促闹铃和闪烁灯光起到应急提示作用。儿童款夜灯带充电电池，灯

序号	品类	产品定位	项目名称	图片	型号	市场渠道	目标售价	卖点规划	工业设计时间
1	便携应急照明	过道	可移动照明			礼品电商		人体感应、光敏电阻、可壁挂小夜灯功能、可移动照明、SOS功能（待定）	2016年3月31日完成
2	家居微智能照明系统	常规过道	家居微智能照明套装	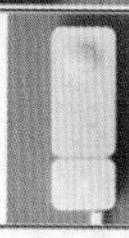		礼品电商		人体感应、光敏电阻、可壁挂小夜灯功能	2016年4月25日完成
		常规房（终端）						人体感应、光敏电阻、小夜灯、应急接收平台、婴儿期照料（哺乳、换尿布、冲奶、生病照料、入睡辅助）睡眠模式、时间投影、温度和湿度提示	
		老人房						人体感应、光敏电阻、小夜灯、平安钟	
		儿童房						人体感应、光敏电阻、小夜灯、入睡辅助、睡眠模式、趣味性（娱乐、教育）	

图3-5　产品线规划

罩具备童趣图案投影，灯光颜色为彩色可变，所有灯均是通过拍打产生振动，进行开启或切换，主人房和老人房灯具有人体感应，智能精准捕捉人体移动，夜起时无须手动开启，实现自动开灯，灯光模式通常是弱光照明，需要亮时才需要手动轻轻拍打，进行亮度切换。

这个产品上市后确定为可分、可组合销售策略，分为如果家居微照明应急情感灯——

Roogoo RF套装和Roogoo如果家居微照明应急情感灯贝比锂电池微智能小夜灯两个类型。

3. 如果家居微照明应急情感灯——Roogoo RF 套装介绍

Roogoo RF套装如图3-6所示，Roogoo RF功能如图3-7至图3-14所示。

图 3-6　Roogoo RF 套装

一盏夜灯　六大功能

sos 应急呼传

人体感应照明

24h 时间投影

Mum 轻拍调光

超低耗能

食品级硅胶

家有长者
总让您牵挂每个夜晚？

担忧他们，摸黑起夜不慎摔倒？
担忧他们，遇突发情况无人知晓？

图 3-7　Roogoo RF 功能（1）

SOS秒按秒传
给爸妈多一份平安的保障

遇到突发情况
只需轻按**咕噜比**顶部内置按键
巴比瞬间发出急促蜂鸣响声并
闪烁灯光提示

Grubby 咕噜比

Barbe 巴比

图3-8　Roogoo RF 功能（2）

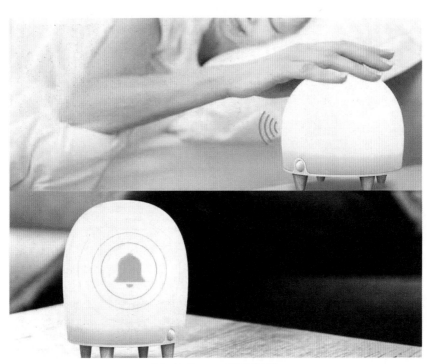

图3-9　Roogoo RF 功能（3）

图 3-10　Roogoo RF 功能（4）

图 3-11　Roogoo RF 功能（5）

图 3-12　Roogoo RF 功能（6）

图 3-13　Roogoo RF 功能（7）

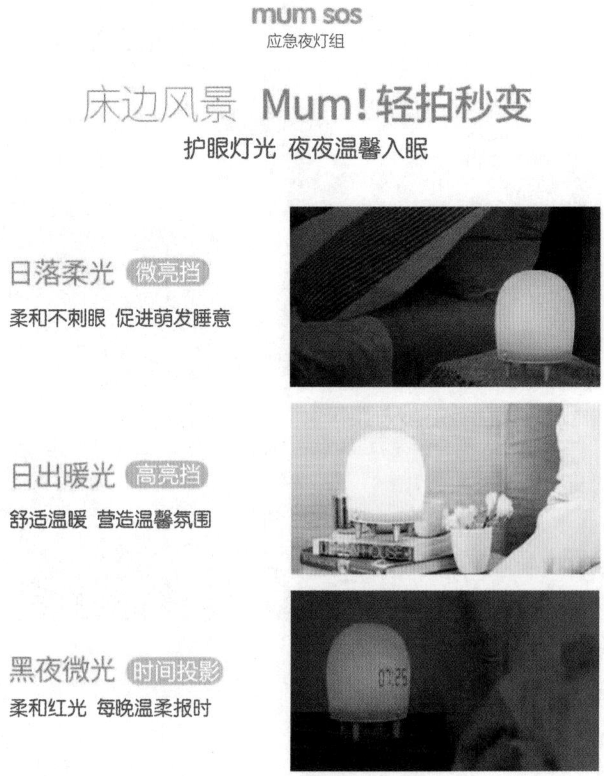

mum sos
应急夜灯组

床边风景 Mum! 轻拍秒变

护眼灯光 夜夜温馨入眠

日落柔光 （微亮挡）

柔和不刺眼 促进萌发睡意

日出暖光 （高亮挡）

舒适温暖 营造温馨氛围

黑夜微光 （时间投影）

柔和红光 每晚温柔报时

图 3-14　Roogoo RF 功能（8）

Roogoo RF材料与能耗如图3-15所示。

食品级硅胶

使用柔软的食品级硅胶材质制作，手感柔软顺滑，怎么捏、揉都能恢复原状，非常好玩。

超低能耗

高亮下持续照明一个月，仅需 0.5 度电
一年仅需 6 度电
低至 0.0089 元每天

图 3-15　Roogoo RF 材料与能耗

Roogoo RF使用场景如图3-16所示。

图 3-16 Roogoo RF 使用场景

4. Roogoo 家居微照明应急情感灯贝比锂电池微智能小夜灯介绍

贝比智能小夜灯如图3-17所示，操作、模式、技术等如图3-18至图3-22所示。

图 3-17 贝比智能小夜灯

图 3-18　智能小夜灯操作

流光溢彩

为黑夜的不同用光需求创造不同的光彩惊喜

微亮挡

晚安柔光
柔和不刺眼，在夜晚轻轻陪伴

高亮挡

明媚暖光
清晰舒适，照亮黑夜的角落

图 3-19　智能小夜灯灯光模式（1）

炫彩挡

童话流光
六色彩光自动变换
流光溢彩浪漫满屋

图 3-20　智能小夜灯灯光模式（2）

图 3-21　智能小夜灯技术

DIY 我的世界 讲述光影里睡前故事

手工自制剪纸作品　创造独一无二的灯光剪影

制作创意剪纸
或在透明主题片上进行绘画创作

拆开硅胶灯罩
安全无害，可放心拆卸

将剪纸或主题片放置在灯槽
盖上硅胶灯罩

DIY 主题剪影片推荐

海洋世界　　蓝天白云　　闪闪星星　　大"鸡"大利　　猪猪女孩　　椰林树影

图 3-22　智能小夜灯趣味体验

第三节　情调照明主题灯饰设计

1. 背景介绍

佛山照明灯具协会会长、凯西欧光健康有限公司总经理吴育林先生在业界推广情调照明的设计理念，就是希望灯除了照明功能外，还能给人以精神的享受。

何为情调照明？为满足高层次精神需求让人感到有情调，将灯光的色彩对人的心理活动和情感的研究成果融入照明设计，将照明与艺术、美学、音乐、智能等科学地结合在一起，使照明具有情调、美感、调节心情等作用。

情调照明可依据不同年龄段、人在不同环境的微妙的生理及心理需要，营造出一种恰到好处的光环境。

受凯西欧光健康有限公司的委托，顺德职业技术学院设计学院工业设计专业徐清涛老师组织08级工业设计专业学生，以情调照明为专题，对情调照明的概念、表现形式、光、影、造型、材质、色彩、氛围和寓意进行初步的研究探索。如图3-23所示是市面上现有的一些氛围灯，接下来要设计的情调灯就是基于现有的氛围灯的技术来设计更有氛围、更有视觉体验和精神体验的情调灯。

图 3-23　现有氛围灯

2. 模拟实验研究

最初为了了解这种氛围灯技术原理和可实现的效果，用纸和LED灯进行了一些实验研究，用纸模拟原有氛围灯的基本形态，刻上各种图案，用LED光源以各种方式和位置进行照射，观察其图案、光影的变化，做到心中有数。情调灯纸模原型实验如图3-24所示。

在了解基本技术原理后，就可以放开思路构思如何以营造情调作为最终目标的设计创意。

情调是个比较宽泛的概念，情调的类型和所指都极其丰富，但核心是达到的视觉效果优美或极具冲击力，营造的意境要高格调、高品位且有丰富的内涵。能让人沉浸其中，获得深入的精神感受。用光、影、色、形以及光的闪烁节奏作为表现元素表达具有主题性的光空间。

情调，有的烂漫，有的激情四射，有的哀怨幽深，有的平静如水。素材可以风花雪月，众生百态。光色、图形可以有电光火石，星辰大海……所以适合表达的主题很多，表现的手法也非常丰富。它主要是通过光、影、色、形以及光的闪烁节奏营造出所要表现的主题。

3. 设计成果展示

情调照明主题灯设计成果如图3-25至图3-35所示。

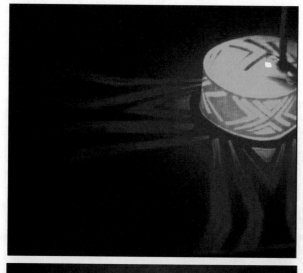

图3-24　情调灯纸模原型实验

图 3-25　设计成果（1）
（设计：谭丽君　指导老师：徐清涛）

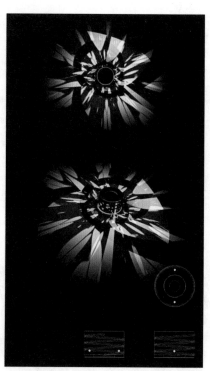

设计说明：

以落花的图案塑造灯的光影，具有一种浪漫美妙的感觉，围绕着灯旋转的线性更给人一种花在旋转的感觉。

图 3-26　设计成果（2）

（设计：张嘉慧　指导老师：徐清涛）

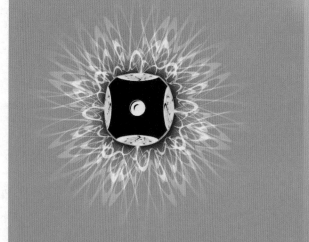

春天情调，新生的绿色色调，春季里人们相对来说有着开朗、热闹的气质，看上去都非常可爱，充满活力。

夏天情调，温柔高尚的淡红色调，夏天里人们相对来说全体有着雅致优雅的气质。

秋天情调，颜色特征是以黄色构成基调，秋季里人们相对来说有成熟气质。

冬天情调，特征是蓝色构成基调。冬季里人们相对来说有敏锐、帅气、坚强的气质。

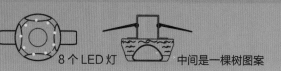

8 个 LED 灯　　中间是一棵树图案

四季情调，光影与图案结合不仅给人美的享受，心情也自然开朗起来。

图 3-27　设计成果（3）

（设计：郭志明　指导老师：徐清涛）

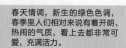

情调灯

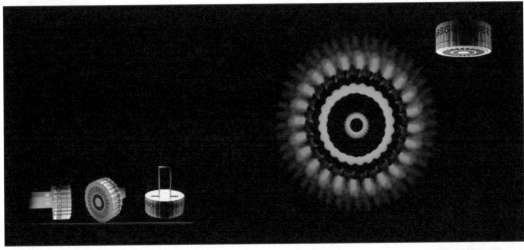

设计说明：

灵感来源于孔雀
充分利用照明的物理性能和色彩对人心理的影响。
在一定程度上有效地改善空间效果。
造型美轮美奂，光影产生一种奢华感。

图 3-28　设计成果（4）
（设计：李立群　指导老师：徐清涛）

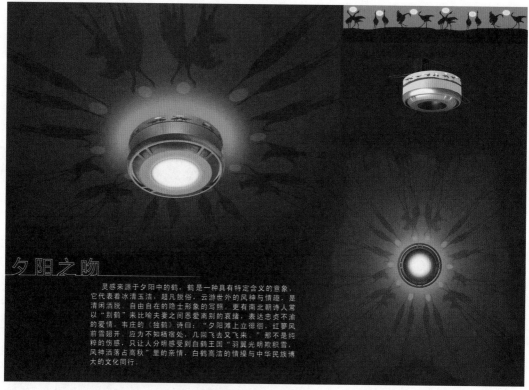

图 3-29　设计成果（5）

（设计：林军　指导老师：徐清涛）

三视图（LED灯的摆放）：　爆炸图：

上盖
内部
主灯玻璃
外壳

设计说明：由莲蓬作为设计元素；

以开灯的形式，体现花朵绽放的主题；

在较为单调的天花板上，有作为花纹的用处。

图 3-30　设计成果（6）

（设计：林蕴怡　指导老师：徐清涛）

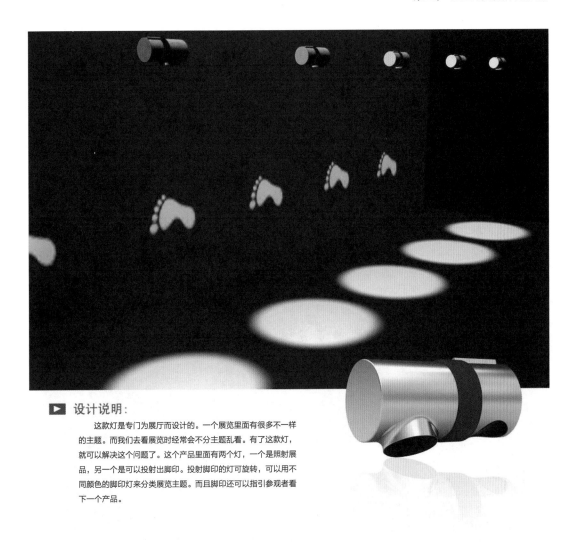

▶ 设计说明：

　　这款灯是专门为展厅而设计的。一个展览里面有很多不一样的主题。而我们去看展览时经常会不分主题乱看。有了这款灯，就可以解决这个问题了。这个产品里面有两个灯，一个是照射展品，另一个是可以投射出脚印。投射脚印的灯可旋转，可以用不同颜色的脚印灯来分类展览主题。而且脚印还可以指引参观者看下一个产品。

可旋转

脚印的位置
可以旋转

指引者

▶ 灯摆放位置

图 3-31　设计成果（7）
（设计：周月清　指导老师：徐清涛）

"温馨" 系列情调照明灯

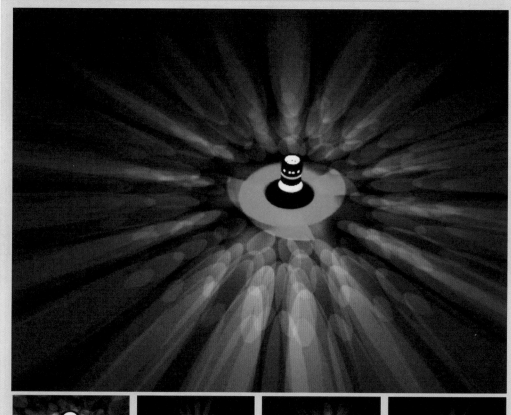

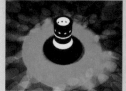   

蓝色调灯光给人宁静、柔和、深沉、广阔的感觉，

就像海洋，让人感觉很舒服，沉浸在海洋的世界里。

图 3-32 设计成果（8）

（设计：李剑坤 指导老师：徐清涛）

DIY　情调组合　灯

这盏灯的亮点就是通过 4 块有着光影投射的部件组成左图的情调灯，这 4 个部件可以随意拆装。厂家通过生产相同规格、不同光影孔的部件，这样就能让消费者随意搭配组成自己喜欢的情调。因此，这个设计就叫作 DIY 情调组合灯。

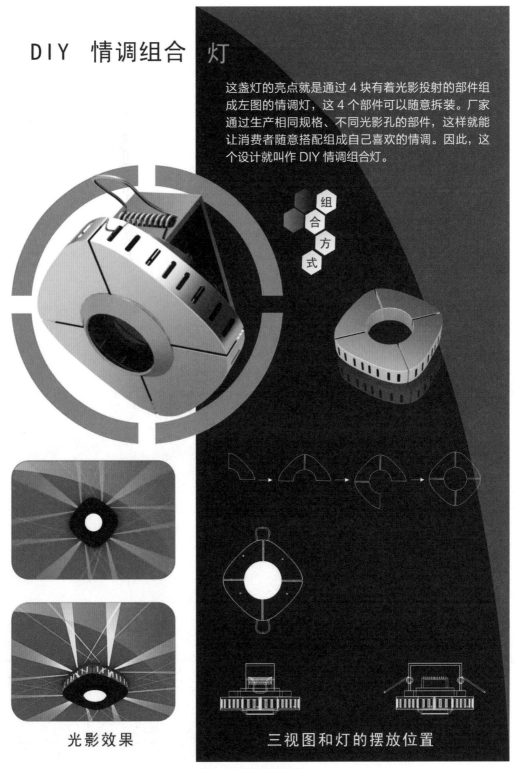

组合方式

光影效果

三视图和灯的摆放位置

图 3-33　设计成果（9）

（设计：郭志锋　指导老师：徐清涛）

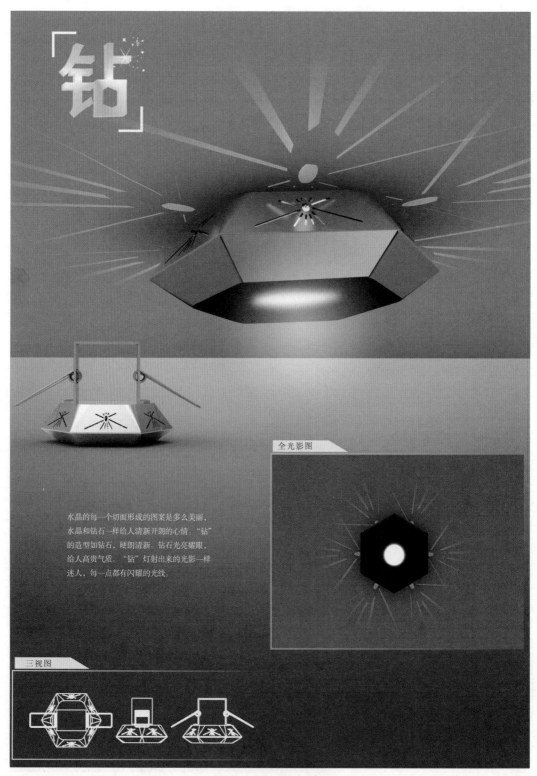

水晶的每一个切面形成的图案是多么美丽。
水晶和钻石一样给人清新开朗的心情。"钻"
的造型如钻石，硬朗清新。钻石光亮耀眼，
给人高贵气质。"钻"灯射出来的光影一样
迷人，每一点都有闪耀的光线。

图 3-34 设计成果（10）
（设计：郭志明 指导老师：徐清涛）

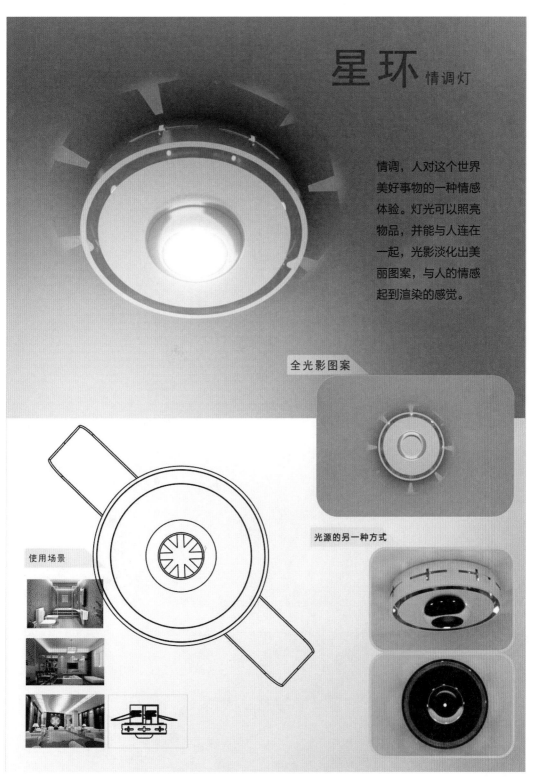

星环 情调灯

情调，人对这个世界美好事物的一种情感体验。灯光可以照亮物品，并能与人连在一起，光影淡化出美丽图案，与人的情感起到渲染的感觉。

全光影图案

光源的另一种方式

使用场景

图 3-35　设计成果（11）
（设计：郭志明　指导老师：徐清涛）

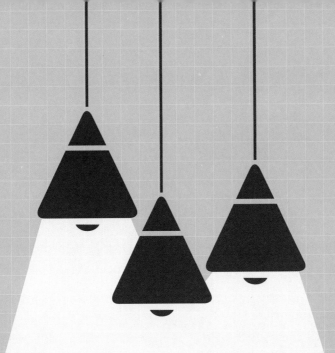

第四章

工艺美术类商品
灯具开发实务

第一节 《一壶冰》现代
LED吸顶灯

1. 设计效果图和设计理念

《一壶冰》吸顶灯（图4-1）外形提取了清朝戗金云龙葵瓣式盘轮廓线条，使其形态流畅优美。灯罩镂空图案来自苏州园林冰裂纹花窗，苏州园林花窗不仅是一种景观，也是苏州文人园林文化的反映；冰裂纹，在古人的象征寓意中，冰象征着纯洁与冷峻，后人将冰霜比喻为人的品质高洁；古人用"一片冰心在玉壶"来颂扬人的光明磊落与纯洁无瑕的美好情操。

该吸顶灯采用现代铁材和亚克力材料加工而成，光源采用节能LED贴片光源照明，外形现代优美，是一款将传统园林窗棂文化进行现代演绎的新中式LED吸顶灯，设计思路及效果图如图4-2和图4-3所示。

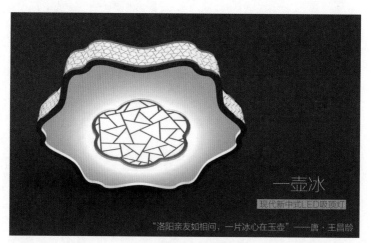

图4-1 《一壶冰》吸顶灯
（设计制作：林界平）

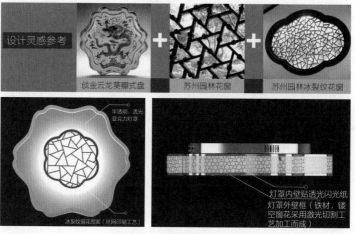

图4-2 设计思路

2. 吸顶灯框架打样加工过程

采用激光切割技术切割出吸顶灯顶板和围边黑坯（铁材料）。

（1）激光切割。利用高功率密度激光束照射被切割材料，使材料很快被加热至汽化温度，蒸发形成孔洞，随着光束的移动，孔洞连续形成宽度很窄的切缝（如0.1mm左右），完成对材料的切割，如图4-4所示。

（2）原理。激光切割是利用经聚焦的高功率密度激光束照射工件，使被照射的材料迅速熔化、汽化、烧蚀或达到燃点，同时借助与光束同轴的高速气流吹除熔融物质，从而实现将工件割开。激光切割属于热切割方法之一。

（3）分类。激光切割可分为激光汽化切割、激光熔化切割、激光氧气切割和激光划片与控制断裂四类。

3. 吸顶灯顶板进行冲孔工艺加工

冲裁（图4-5）是利用模具使板料产生分离的冲压工序，包括落料、冲孔、切口、剖切、修边等。用它可以制作零件或为弯曲、拉深、成形等工序准备毛坯。从板料冲下所需形

图4-3 效果图

图4-4 激光切割

图4-5 冲裁

状的零件（或毛坯）称落料，在工件上冲出所需形状孔（冲去的为废料）称冲孔。垫圈即由落料与冲孔两道工序完成。

冲裁既然是分离工序，工件受力时必然从弹、塑性变形开始，以断裂告终。当凸模下降接触板料，板料即受到凸、凹模压力面产生弹性变形，由于力矩的存在，使板料产生弯曲，即从模具表面上挠起，随着凸模下压，模具刃口压入材料，内应力状态满足塑性条件时，产生塑性变形，变形集中在刃口附近区域。由此可知，塑性变形从刃口开始，随着切刃的深入，变形区向板料的深度方向发展、扩大，直到在板料的整个厚度方向上产生塑性变形，板料的一部分相对于另一部分移动。力矩将板料压向切刃的侧表面，故切刃相对于板料移动时，这些力将表面压平，在切口表面形成光亮带。当切刃附近材料各层中达到极限应变与应力值时，便产生微裂，裂纹产生后，沿最大剪应变速度方向发展，直至上、下裂纹会合，板料就完全分离。

4. 激光切割好的黑坯进行焊接（采用氩弧焊接工艺）

灯架焊接成型如图4-6所示。

焊接也称作熔接、镕接，是一种以加热、高温或者高压的方式接合金属或其他热塑性材料（如塑料）的制造工艺及技术。焊接通过下列三种途径达到接合的目的。

（1）熔焊。加热欲接合的工件，使其局部熔化，形成熔池，熔池冷却凝固后便接合，必要时可加入熔填物辅助。熔焊适合各种金属和合金的焊接加工，不需要压力。

（2）压焊。焊接过程中必须对焊件施加压力，属于各种金属材料和部分金属材料的加工。

（3）钎焊。采用比母材熔点低的金属材料做钎料，利用液态钎料润湿母材，填充接头间隙，并与母材互相扩散，实现链接焊件。钎焊

适合于各种材料的焊接加工，也适合于不同金属或异类材料的焊接加工。

现代焊接的能量来源有很多种，包括气体焰、电弧、激光、电子束、摩擦和超声波等。除了在工厂中使用外，焊接还可以在多种环境下进行，如野外、水下和太空。无论在何处，焊接都可能给操作者带来危险，所以在进行焊接时必须采取适当的防护措施。焊接给人体可能造成的伤害包括烧伤、触电、视力损害、吸

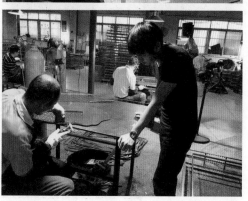

图4-6 焊接

入有毒气体、紫外线照射过度等。焊接完成示例如图4-7所示。

5. 用烤漆工艺加工灯具五金黑坯

烤漆是一种喷漆制作方法（工艺）。其方法是：在打磨到一定粗糙程度的基底上喷上若干层油漆，并经高温烘烤定型。该工艺目前对油漆要求较高，显色性好。烤漆完成效果如图4-8所示。

烤漆分为两大类：一类低温烤漆，固化温度为140°~180°，另外一类就称为高温烤漆，其固化温度为280°~400°。

烤漆有以下特点：

（1）不黏性。几乎所有物质都不与特氟龙涂膜黏合。很薄的膜也能显示出很好的不黏附性能。

（2）耐热性。特氟龙涂膜具有优良的耐热和耐低温特性。短时间可耐高温到300℃，一般在240~260℃，可连续使用，具有显著的热稳定性，它可以在冷冻温度下工作而不脆化，在高温下不熔化。

（3）滑动性。特氟龙涂膜有较低的摩擦系数。负载滑动时摩擦系数产生变化，但数值仅为0.05~0.15。

（4）抗湿性。特氟龙涂膜表面不沾水和油质，生产操作时也不易沾溶液，如沾有少量污垢，简单擦拭即可清除。停机时间短，节省工时，并能提高工作效率。

（5）耐磨损性。在高负载下，具有优良的耐磨性能。在一定的负载下，具备耐磨损和不黏附的双重优点。

（6）耐腐蚀性。特氟龙几乎不受药品侵蚀，可以保护零件免于遭受任何种类的化学腐蚀。

烤漆和喷漆有以下区别：

（1）工艺。烤漆：在基材上打三遍底漆、四遍面漆，每上一遍漆，都送入无尘恒温烤房烘烤。喷漆：在基材上抹腻子，再在上面喷漆，自然晾干。

（2）漆膜。做法：用手摸烤漆门板的四边

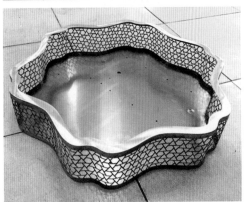

图4-7　焊接完成

图4-8　烤漆完成效果

棱角是否光滑。烤漆：棱角光滑、颜色相同，证明漆膜均匀，色彩饱满。喷漆：棱角部分毛糙，颜色比门板浅，证明漆膜不均匀，色彩不饱满。

（3）纹路。做法：对照光线，看烤漆门板表面是否有橘皮现象。烤漆：门板表面光滑，无纹路、橘皮现象。喷漆：门板表面有纹路，不光滑，有橘皮现象。

（4）表面。做法：用手摸烤漆门板表面是否有尘粒、气泡。烤漆：门板表面平整、光滑。喷漆：门板表面有颗粒物，不光滑，触摸有异感。

（5）耐磨。做法：用硬物击打。烤漆：无异常情况，漆膜无损坏。喷漆：有裂痕，严重的漆膜脱落，掉白皮。

未细致加工涂装、装饰前的毛坯称为黑坯。

6. 亚克力灯罩进行丝网印刷

丝网印刷是将丝织物、合成纤维织物或金属丝网绷在网框上，采用手工刻漆膜或光化学制版的方法制作丝网印版。丝网作为版基，通过感光制版方法，制成带有图文的丝网印版，利用丝网印版图文部分网孔可透过油墨，非图文部分网孔不能透过油墨的基本原理进行印刷。印刷时在丝网印版的一端倒入油墨，用刮板对丝网印版上的油墨部位施加一定压力，同时向丝网印版另一端匀速移动，油墨在移动中被刮板从图文部分的网孔中挤压到承印物上。

现代丝网印刷技术则是利用感光材料通过照相制版的方法制作丝网印版（使丝网印版上图文部分的丝网孔为通孔，而非图文部分的丝网孔被堵住）油画、版画、招贴画、名片、装帧封面、商品包装、商品标牌、印染纺织品、玻璃及金属等平面载体等。吸顶灯丝网印刷图案如图4-9所示，外观完整效果如图4-10所示。

7. 组装 LED 贴片光源

组装LED贴片光源如图4-11所示。

8. 初步测试灯光效果

测试灯光效果如图4-12所示，最终实物亮灯效果如图4-13所示。

图4-9　丝网印刷图案

图4-10　外观完整效果

图4-11　安装光源

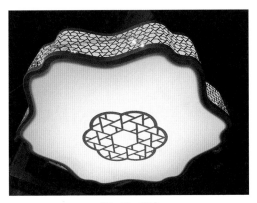

图4-12　测试

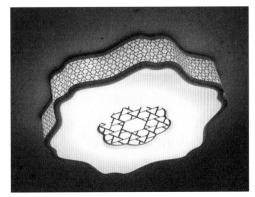

图4-13　实物亮灯效果

第二节　《喜上眉梢》现代 LED文创台灯

1. 设计理念

　　该设计是一款基于中国传统姻缘文化而创新设计的LED台灯，灵感来自中国民间的剪纸"喜上梅梢"，采用现代激光技术，在亚克力面板上镂空出大红双喜字、梅花、喜鹊三种图形，再把激光切好的六片亚克力板拼接成一个立方体，造型优美；通电之后，整个台灯更像是发光的宝盒，大红色彰显热烈、喜庆，寓意喜上眉梢、双喜临门、喜上加喜。设计三维效果图如图4-14所示。

2. 加工打样过程

　　（1）设计好平面线稿尺寸图，如图4-15所示。

图4-14　设计三维效果图
（设计制作：林界平）

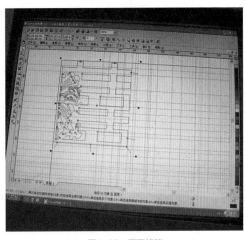

图4-15　平面线稿

（2）激光切割亚克力板，如图4-16和图4-17所示。

（3）采用强力胶水将亚克力板拼接组合，如图4-18所示。

（4）组合完成的亚克力灯罩，如图4-19所示。

（5）在亚克力灯罩上采用手动漆进行上大红漆，如图4-20所示。最终实物亮灯效果如图4-21所示。

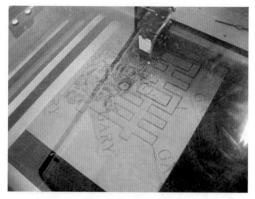

图4-16　激光切割

图4-17　激光切割完成的亚克力板

图4-18　拼接　　　　　　　　　　　　　图4-19　组装成型

图4-20　喷漆

图4-21　实物亮灯效果

第三节　博物馆文物素材灯饰设计系列

该系列灯具设计是文创设计的一次尝试，以各大博物馆的文物提取元素，进行改造和提炼后用到灯具设计中。

新时代讲好中国故事，是我们这个时代中国人普遍的觉醒和责任，作为设计师，需要了解和研究中国优秀的文化成果，文物是非常好的研究对象，是历代劳动人民的智慧和经验的结晶。研究文物的形态、结构、材质、肌理、图案、功能，并研究其背后的文化和精神内涵，会给我们许多启发，对形成中国特色的设计、物质文明建设和精神文明建设都是不错的切入角度。

出于这个角度的考虑，徐清涛老师逐步引导学生在中国传统文化和现代产品设计上的融合，既要有中国特色，又要是现代的，符合现代人的审美和生活需求，一开始这个度非常不好把握，后来经过调研和观察分析，发现现代人的审美多样，不同地域、年龄、文化、成长背景、学习经历对中国式的设计有很大不同。中国人口众多，地域广博，人们的兴趣爱好异常丰富，由于人口基数大，任何一种品位的设计风格都有相当数量的拥趸，所以中国特色的设计可以以比较丰富的形态出现，有的喜欢非常传统的形式，传统的形式里又分为宋、明的简约和清朝宫廷华丽繁复两大阵营。

如果以用户为中心的设计，不用太纠结哪一种是中国特色的设计，中国特色的设计应该有若干种形式。核心应是在符合现代中国人的生活和精神需求的基础上，适当引导人们在精神文明上向更高尚、更健康的品位发展，消费理念向更环保、节约的理念发展。传统与现代的多角度、多形式、全方位的结合，只要有用户喜欢都不失为中国特色的设计。中国特色相关设计案例如图4-22至图4-31所示。

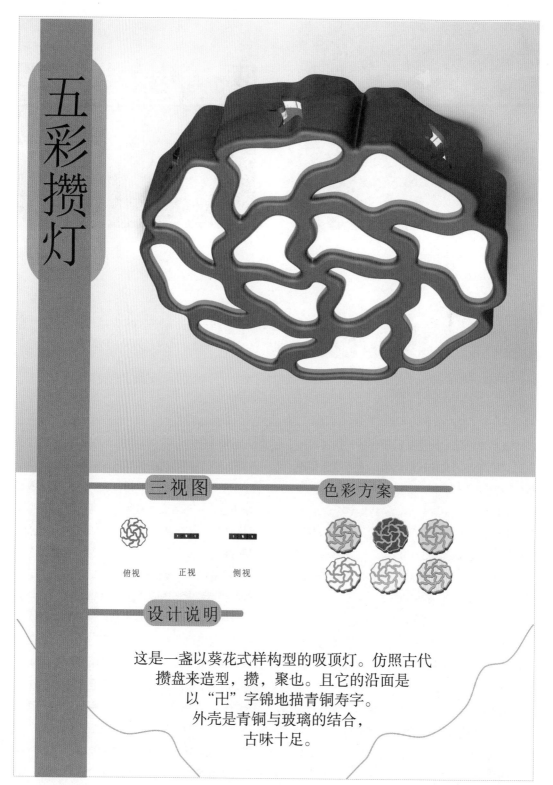

五彩攒灯

三视图

俯视　　　正视　　　侧视

色彩方案

设计说明

这是一盏以葵花式样构型的吸顶灯。仿照古代
攒盘来造型，攒，聚也。且它的沿面是
以"卍"字锦地描青铜寿字。
外壳是青铜与玻璃的结合，
古味十足。

图4-22　五彩攒灯
（设计：陈虹秀　指导教师：徐清涛）

书卷灯

面截图

设计说明

　　书卷是中国古代常用的书写载体，是我国历史文化的载体，这盏灯的设计灵感来自古代的书卷，取用书卷卷起来的形状，这盏灯可以使使用者在看书的时候感受到浓浓的书卷味，提高学习效率。

图4-23　书卷灯
（设计：何焯楠　指导老师：徐清涛）

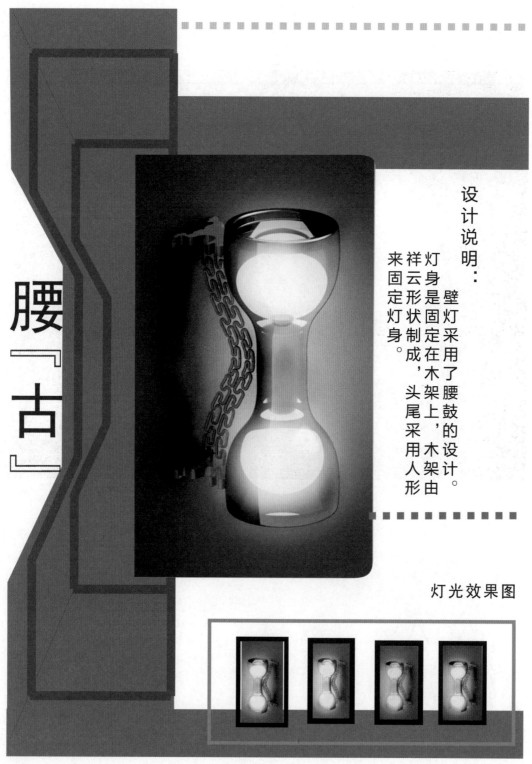

腰「古」

设计说明：
壁灯采用了腰鼓的设计。灯身是固定在'木架上'的木架由祥云形状制成'头尾采用人形来固定灯身。

灯光效果图

图4-24 腰"古"
（设计：黄楚乔 指导老师：徐清涛）

葫芦灯

这盏灯是根据古代传统的青玉兽面纹提梁卣独特的设计、精湛的手艺而设计，它具有独特的传统味道。

不同的材质有不同的韵味，这就是传统。

图4-25　葫芦灯
（设计：黎洁敏　指导老师：徐清涛）

设计说明：
　　香几的特点就是腿足弯曲较为夸张，形态突出，运用到灯饰设计上，形象而生动。此款灯不论在室内或室外，面面宜人观赏。

香几灯

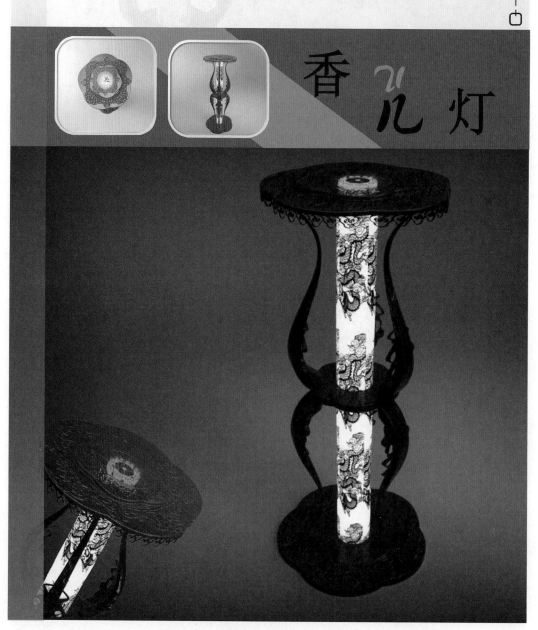

图4-26　香几灯
（设计：黎詠妍　指导老师：徐清涛）

椅·态

落地灯

该设计以古代圈椅为主要元素提炼，与花的亭亭玉立之态相融合，灵气动人，凸显中国明清家具委婉柔美、淡雅别致的线条之美，配以金属饰条内嵌 LED 光源，更加华丽。

图4-27　落地灯
（设计：马浩明　指导老师：徐清涛）

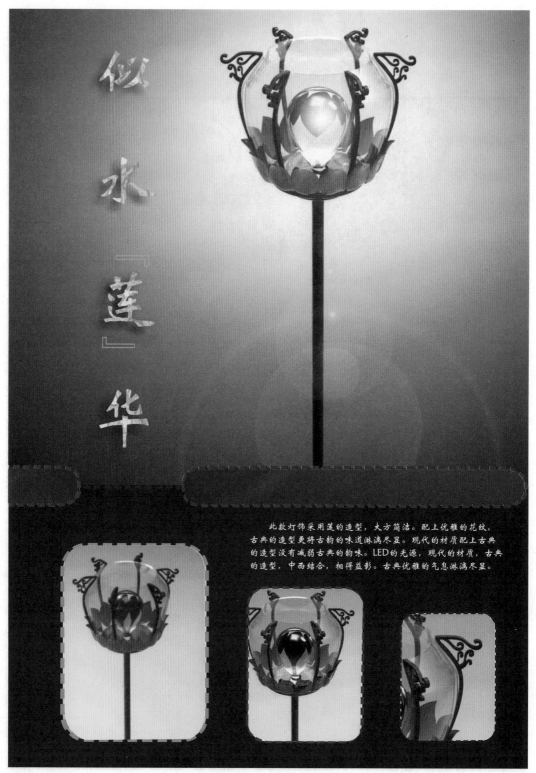

此款灯饰采用莲的造型，大方简洁。配上优雅的花纹，古典的造型更将古韵的味道淋漓尽显。现代的材质配上古典的造型没有减弱古典的韵味。LED的光源，现代的材质，古典的造型，中西结合，相得益彰。古典优雅的气息淋漓尽显。

图4-28　似水"莲"华
（设计：文凯华　指导老师：徐清涛）

竹节灯 壁灯

设计说明：

竹节灯的设计融入了浓郁的传统味道，这盏像古代女性佩饰的壁灯，镶嵌在墙壁上，亮时竹节内灯发出灯光，与金色链条相呼应。仿古代玉器造型，无论是从造型还是意蕴上都带着传统色彩。

三视图

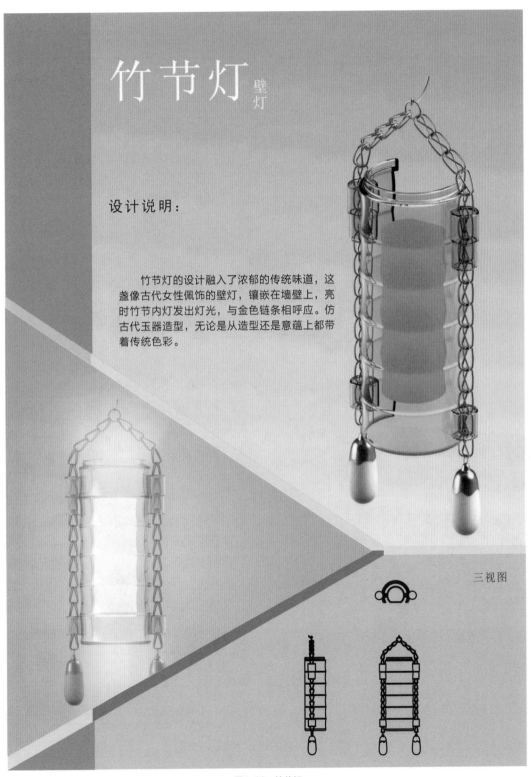

图4-29 竹节灯

（设计：吴欣仪 指导老师：徐清涛）

吉灯
古典台灯

设计说明 ■

这是一款仿古台灯 ■

它借鉴了明代竹凳形态,用于灯架上 ■
祥云底座寓意吉祥如意

红木材质的灯架 ■
彰显它的古典与华丽

多边型灯罩,坚固又不单调 ■

磨砂玻璃材质的灯罩,花瓣印花 ■
不但增强了它的照明度又富有神秘感

细节图 ■

三视图 ■

图4-30 吉灯
(设计:郑小茹 指导老师:徐清涛)

灯光效果图

清之冠 台灯

设计来源于古代清朝官帽和冠架，将清朝官帽和冠架结合在一起做成的台灯，灯产采用仿青铜材质，古式下拉式开关，灯亮时，光照到支架上，青铜材质发出的金闪闪的光更加富丽堂皇。

图4-31 台灯

（设计：曾梓雄 指导老师：徐清涛）

第五章

创意灯具设计
案例赏析

创意灯具设计案例如图5-1至图5-13所示。

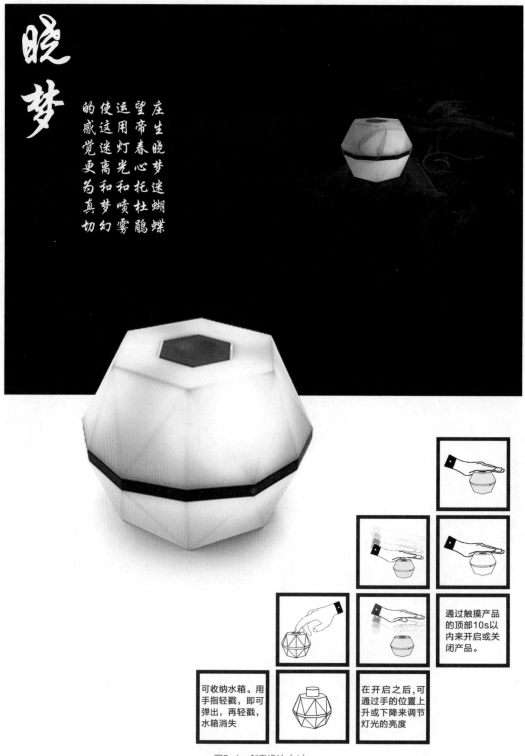

图5-1　创意设计（1）

（设计：邓梓钧　指导老师：徐清涛）

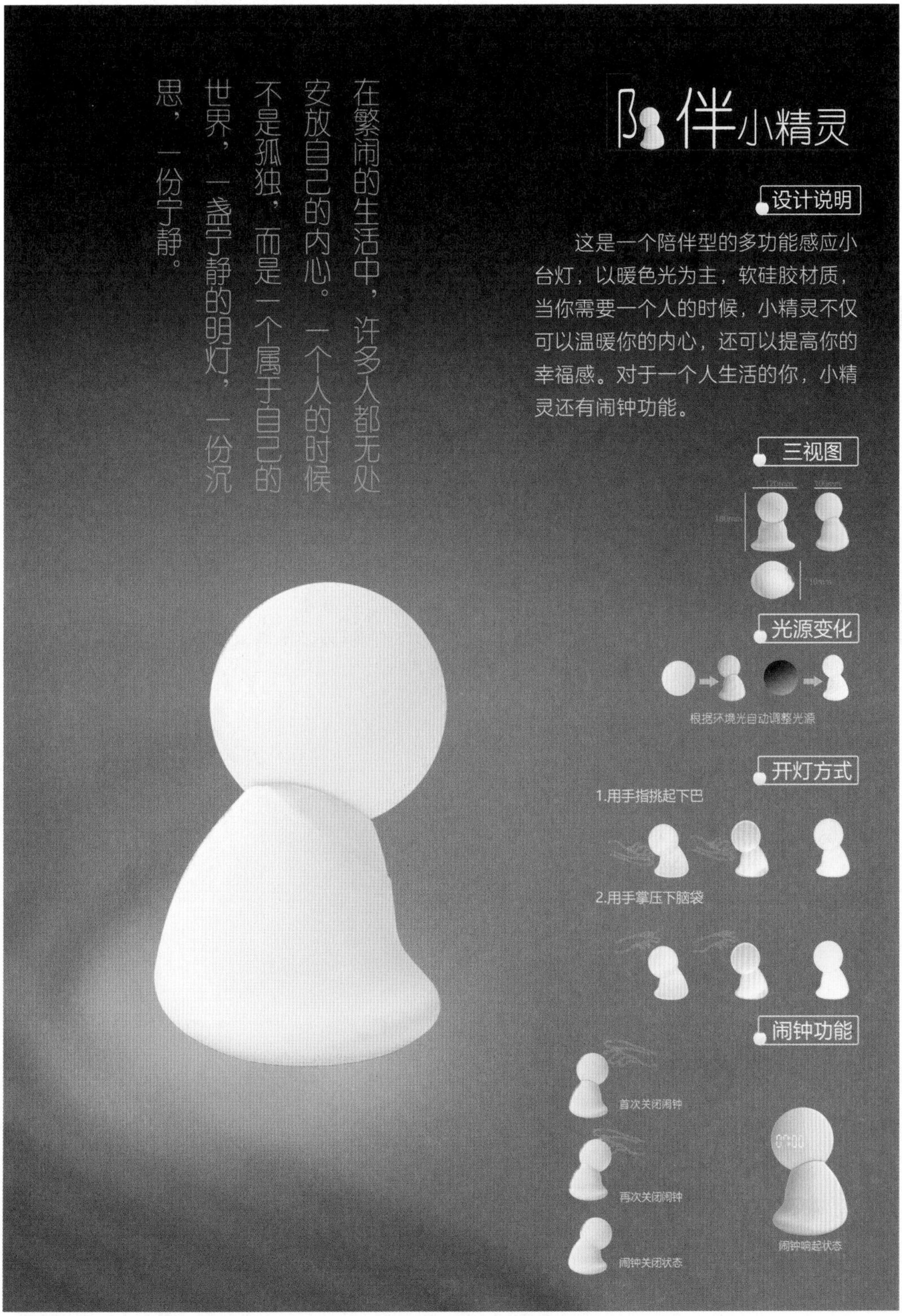

陪伴小精灵

设计说明

这是一个陪伴型的多功能感应小台灯，以暖色光为主，软硅胶材质，当你需要一个人的时候，小精灵不仅可以温暖你的内心，还可以提高你的幸福感。对于一个人生活的你，小精灵还有闹钟功能。

三视图

光源变化

根据环境光自动调整光源

开灯方式

1.用手指挑起下巴

2.用手掌压下脑袋

闹钟功能

首次关闭闹钟

再次关闭闹钟

闹钟关闭状态

闹钟响起状态

在繁闹的生活中，许多人都无处安放自己的内心。一个人的时候不是孤独，而是一个属于自己的世界，一盏宁静的明灯，一份沉思，一份宁静。

图5-2　创意设计（2）
（设计：李京华　指导老师：徐清涛）

摇摇儿童小夜灯

设计说明:
摇摇小夜灯的灵感来源于摇篮,摇摇的感觉会让孩子觉得舒适、恬静。设计的亮点在于小夜灯的点亮方式,只要用手轻轻触碰,不倒翁形状的小夜灯就会左右摇摆,灯也会随之亮起,增加儿童夜灯的趣味性。顶部的提手部分方便手提,移动夜灯照明。

图5-3 创意设计(3)
(设计:梁结玲 指导老师:徐清涛)

设计说明：

本设计由小船为灵感源泉演变而来的，单个时可作为
酒吧的吧台灯，也可多个围成一圈，作为舞池的彩色
射灯。简单的风格也可以作为家庭用餐照灯。

图5-4 创意设计（4）
（设计：陈佩聪 指导老师：徐清涛）

图5-5　创意设计（5）
（设计：黎茵　指导老师：徐清涛）

图5-6 创意设计（6）

（设计：刘菲婷 指导老师：徐清涛）

缘起

产品说明

其他角度

"缘起"吊灯以"爱"为造型主题，融合了外表冰冷的蛇与高雅温暖的天鹅。寓意着"爱"无差别心，是同等重要的，即使是冰冷的蛇也有温暖的爱意。

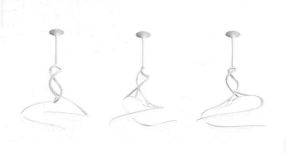

图5-7　创意设计（7）

（设计：李梓杰　指导老师：徐清涛）

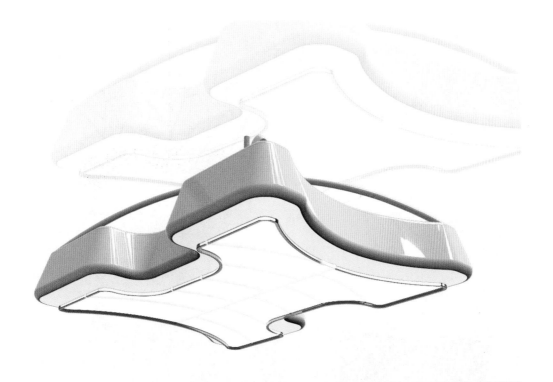

叶子吊灯

三视图

设计说明

这款产品是根据叶子的外形设计而成的，保留了叶子的主要轮廓，并融入几何的图形，给人一种自由但又规整的感觉。

图5-8 创意设计（8）

（设计：王笑敏 指导老师：徐清涛）

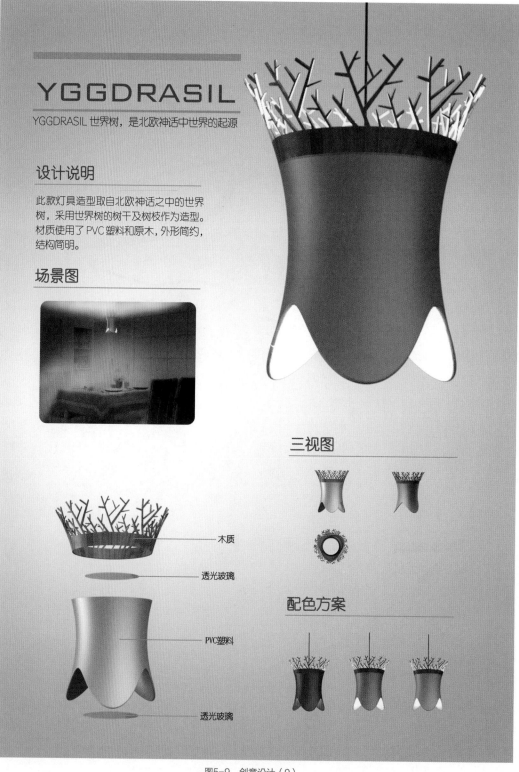

YGGDRASIL

YGGDRASIL 世界树，是北欧神话中世界的起源

设计说明

此款灯具造型取自北欧神话之中的世界树，采用世界树的树干及树枝作为造型。材质使用了PVC塑料和原木，外形简约，结构简明。

场景图

木质

透光玻璃

PVC塑料

透光玻璃

三视图

配色方案

图5-9　创意设计（9）
（设计：詹家麟　指导老师：徐清涛）

铁艺灯罩　　　　　　贝壳造型　　　　　　木塞设计

图5-10　创意设计（10）
（设计：陈丽乔　指导老师：徐清涛）

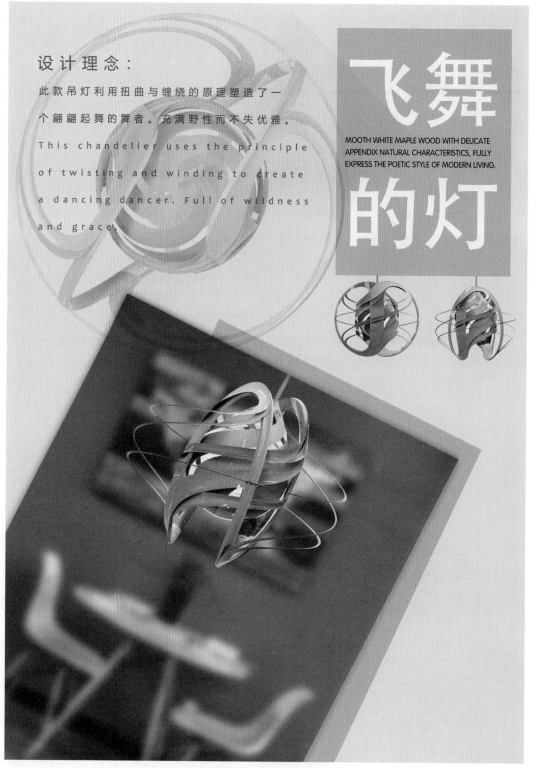

设计理念：

此款吊灯利用扭曲与缠绕的原理塑造了一个翩翩起舞的舞者。充满野性而不失优雅。

This chandelier uses the principle of twisting and winding to create a dancing dancer. Full of wildness and grace.

飞舞的灯

MOOTH WHITE MAPLE WOOD WITH DELICATE APPENDIX NATURAL CHARACTERISTICS, FULLY EXPRESS THE POETIC STYLE OF MODERN LIVING.

图5-11　创意设计（11）

（设计：罗晓珊　指导老师：徐清涛）

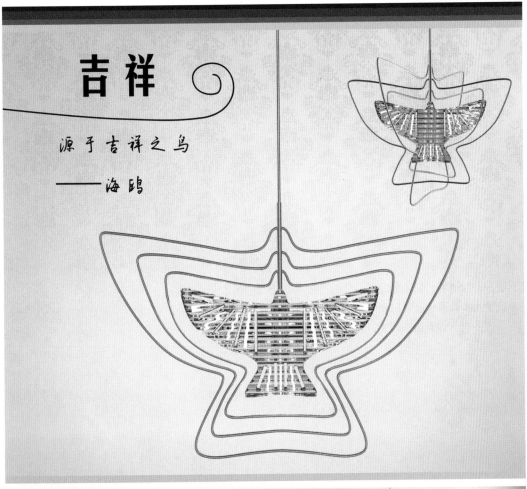

图5-12 创意设计（12）

（设计：方伟铖 指导老师：徐清涛）

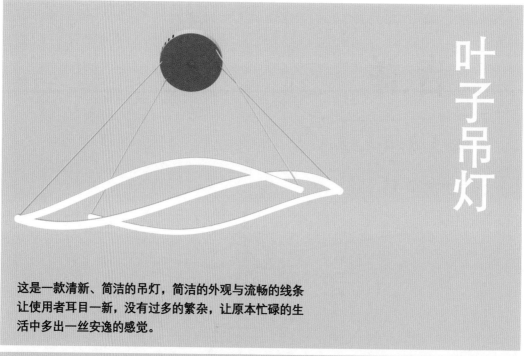

叶子吊灯

这是一款清新、简洁的吊灯，简洁的外观与流畅的线条让使用者耳目一新，没有过多的繁杂，让原本忙碌的生活中多出一丝安逸的感觉。

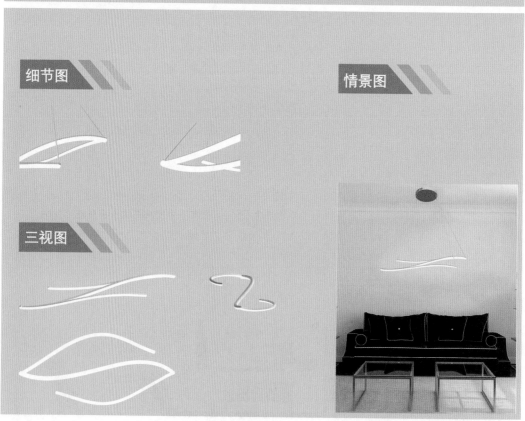

细节图

情景图

三视图

图5-13　创意设计（13）

（设计：简兆康　指导老师：徐清涛）

［1］ 何人可. 工业设计史［M］. 北京：北京理工大学出版社，2000.

［2］ Eds. Charlotte, Peter Fiell. 1000 LIGHTS［M］. London：TASCHEN，2013.

［3］ 徐清涛. 灯饰设计［M］. 北京：高等教育出版社，2010.

［4］ PAMELA FRANKAU. SLAVES OF THE LAMP［M］. London: Pan，1965.

［5］ 卡意莱斯，马斯登. 光源与照明［M］. 陈大，译. 上海：复旦大学出版社，1992.

［6］ NIPPO电机株式会社. 间接照明［M］. 许东亮，译. 北京：中国建筑工业出版社，2004.

［7］ 国家轻工业局行业管理司质量标准处. 中国轻工业标准汇编·灯具卷［M］. 北京：中国标准出版社，2003.

［8］ 全国照明电器标准化技术委员会. 照明电器标准汇编·灯具卷［M］. 北京：中国标准出版社，2004.

［9］ Lisa Skolnik. 室内的灯光［M］. 薛彦波，赵继龙，译. 济南：山东科学技术出版社，2003.

［10］ 中岛龙兴. 照明灯光设计［M］. 马卫星，编译. 北京：北京理工大学出版社，2003.

［11］徐清涛，肖娜. 工业产品设计（上）［M］. 石家庄：河北美术出版社，2007.

［12］徐清涛. 灯饰设计的情感体验方式［D］. 十八届全国工业设计学术年会，2013.

［13］张凌浩. 产品的语意［M］. 北京：中国建筑工业出版社，2005.

［14］徐清涛. 论灯饰作为公共艺术的表现形式［J］. 家具与室内装饰，2015.

［15］于帆，陈嬿. 意象造型设计［M］. 武汉：华中科技大学出版社，2007.

［16］徐清涛，等. 情调照明［M］. 南京：江苏科学技术出版社，2011.

［17］戴春祥. 激光切割技术［M］. 上海：上海科学技术出版社，2018.

［18］钟翔山. 金加工实用手册［M］. 北京：化学工业出版社，2013.

［19］冯立明，管勇. 涂装工艺学［M］. 北京：化学工业出版社，2017.

［20］李伟. 丝网印刷操作实务［M］. 北京：中国轻工业出版社，2019.